一本书教你
如何提高自己的

情商

潘鸿生◎编著

北京工业大学出版社

图书在版编目（CIP）数据

一本书教你如何提高自己的情商 / 潘鸿生编著. —
北京：北京工业大学出版社，2017.5（2022.3 重印）
ISBN 978-7-5639-5194-9

Ⅰ. ①一… Ⅱ. ①潘… Ⅲ. ①情商－通俗读物
Ⅳ. ①B842.6-49

中国版本图书馆 CIP 数据核字（2017）第 017256 号

一本书教你如何提高自己的情商

编　　著：	潘鸿生
责任编辑：	李周辉
封面设计：	胡椒书衣
出版发行：	北京工业大学出版社
	（北京市朝阳区平乐园 100 号　邮编：100124）
	010-67391722（传真）　bgdcbs@sina.com
经销单位：	全国各地新华书店
承印单位：	唐山市铭诚印刷有限公司
开　　本：	787 毫米 ×1092 毫米　1/16
印　　张：	14
字　　数：	200 千字
版　　次：	2017 年 5 月第 1 版
印　　次：	2022 年 3 月第 6 次印刷
标准书号：	ISBN 978-7-5639-5194-9
定　　价：	39.80 元

前　　言

随着社会的发展，人们对情商的重视程度越来越高。生活总会出现各种各样的问题和麻烦，情商能帮助人们尽可能用最佳的方式解决这些问题，与他人和谐、融洽地相处。

多年以来，人们一直以为只有高智商才会有高成就，然而事实却并非如此。事实上，情商在人生成就中起着至关重要的作用。当然，智商的作用也不可小视，只是它远没有人们过去认为的那么大。

情商较高的人往往会在很多领域占有优势，无论是人际交往，还是驰骋职场，无论是追求自己的爱情，还是开创自己的事业，其成功的概率都比较大。此外，情商高的人，生活会更有效率，并且更容易感到满足，更可以通过自己的智能获取丰硕的成果。情商低的人，则往往易在内心产生激烈的冲突。

情商是一种能力，是一种察觉、评价的能力，是一种情感发泄的能力，是一种调节情绪、帮助智力发展的能力。它具体包括情绪的自控力、人际关系的处理能力、挫折的承受能力、对自己的了解程度及对他人的理解与宽容的程度。

情商是开启心智的钥匙、激发潜能的要诀，它像一面魔镜，令人们时刻反省自己、调整自己、激励自己，是获得成功的力量来源。情商贯穿于一个人的方方面面，它的存在不仅弥补了智力欠缺的短板，而且能从另一个角度成就一个人。情商教育，越早开始越好。早开始、早培养、早锻炼，才能尽早培养出较高的情商，才能尽快地适应竞争日益激烈的社会，才能让人一生受益。

本书向读者提出了简单、有效的情商训练方法，不仅让读者认识和了解情商对人生的重要性，而且让读者明白自己不能输在情商上，明白自己的方向到底在哪里、到底该如何走，如何走向成功，从而健康、快乐地生活。

目　　录

第三章　自我激励，每个人都有巨大的潜能

第四章　情绪识别，瞬间读懂人心

第五章 人际交往，你可以比你想象的更受欢迎

第六章 广泛交友，用情商拓展人脉

第七章 融洽关系，提升个人影响力

第八章　耐受挫折，提高你的情商

第九章　自我管理，取得人生成就的关键

第一章 自我认识，做清醒的自己

认识自己才能成就辉煌

在古希腊帕尔纳索斯山上的一块石碑上，刻着这样一句箴言："你要认识你自己。"据说这是太阳神阿波罗的神谕。卢梭对这一碑铭有极高的评价："比伦理学家们的一切巨著都更为重要，更为深奥。"显然，认识自己是至关重要的，而能正确地认识自己同样是很不容易做到的，这需要人们理性地看待问题。

古人云："人贵有自知之明。"这是人们对自我认识的正确态度，是成功者的经验之一。认识自己能使人感到个人力量的渺小，冷静评价个人的能力，能够促使自己更好地把握个人的抉择，并有效地进行自我管理，这样才能够给自己一个正确的定位，给自己设置正确可行的目标，让自己充分发挥潜能。

一个人能不能成功，不在于他拥有多少优越的条件，而在于他如何认识自己，如何运用这些条件。一个情商指数高的人能够正确估价自己，有能力接受自己目前所处的现状和环境，去思考该怎么去面对生活。

一个情商高的人在追求成功之前，善于认识自己。因为只有清楚地认识自己，才会明白自己需要什么，才会知道自己能做什么，才能把握自我、完善自我。

认识应该是你选择来的，你必须了解自己的选择。如果你对自己和对世界的认识不是你自己选择来的，而是完全由别的东西所决定的，那么就很难帮助你解决心底的困扰和冲突。问题的关键是，你要获得一个对自己清晰和稳定的认识，这个认识将帮助你认清自己的心灵和这个纷繁复杂的世界。

尼采曾经说过："聪明的人只要能认识自己，便什么也不会失去。"正确认识自己，才能使自己充满自信，才能使人生的航船不迷失方向。正确认识自己，才能正确确定人生的奋斗目标。只有有了正确的人生目标，并充满自信，为之奋斗终生，才能此生无憾。即使不成功，自己也会无怨无悔。

日本保险业泰斗原一平在27岁时进入日本明治保险公司开始推销生涯。当时，他穷得连午餐都吃不起，并露宿公园。

有一天，他向一位老和尚推销保险。等他详细说明之后，老和尚平静地说："听完你的介绍之后，丝毫引不起我投保的意愿。"

老和尚注视原一平良久，接着说："人与人之间，像这样相对而坐的时候，一定要具备一种强烈吸引对方的魅力。如果你做不到这一点，将来就没什么前途可言了。"

原一平哑口无言，冷汗直流。

老和尚又说："年轻人，先努力改造自己吧！"

"改造自己？"

"是的，要改造自己首先必须认识自己。你知不知道自己是一个什么样的人呢？"

老和尚又说："你要替别人考虑保险之前，必须先考虑自己，认识自己。"

"先考虑自己，认识自己？"

"是的，赤裸裸地注视自己，毫无保留地彻底反省，然后才能认识自己。"

从此，原一平开始努力认识自己、改善自己，终于大彻大悟，成为一代推销大师。

一个人可能渺小，也可能伟大，这取决于你对自己的认识和评价，取决于你的心理态度如何，取决于你能否靠自己去奋斗。说到底，还是取决于你对自己究竟是怎么看的，是如何认识自己的。总之，一个情商高的人善于正确、全面地认识自己、了解自己，从而正确、全面地看待自己、改善自己。

学会自我欣赏，将缺点变成优点

有一句格言说："不是因为遭遇了挫折，我们才迷失自我；而是因为我们迷失了自我，才会有那么多的失败。"有较高情商的人是不会迷失自己的，因为他们懂得欣赏自己。对于自己，他们坦然地承认，欣然地接受，不排斥自己，不欺骗自己，当然也从不拒绝自己，更加不会怨恨自己。学会自我欣赏是你在培养高情商的道路上必走的一步。

俗话说："金无足赤，人无完人。"也就是说任何人和事都不可能尽善尽美，重要的是看你怎么去面对，怎么样和自己的弱点好好相处，用一种什么样的心情和心态来面对它。只有正确地看待自身的优缺点，才能扬长避短、为我所用。

大卫·梅克是一家杂志的主编。一次会上，他宣布将要解雇一名员工。散会后，有位员工实在太担心、太紧张，因为他感觉自己在公司的表现似乎很糟糕。忐忑不安之余，他直接去找大卫·梅克问："您要解雇的人是不是我？"大卫·梅克看了他一眼，然后慢悠悠地说："本来我还没想好要解雇谁。现在，既然你提醒了我，那么就是你了。"就这样，那位员工当场就被炒了鱿鱼。

显然，这位被大卫炒掉的员工是个一点也不懂得欣赏自己的人，因此，大卫才否定了他的价值。

其实，每个人都有自己的优点和缺点。有的人因为缺点而全盘否定自己，把那些本来没什么的弱点和不足变成了沉重的心理包袱，压得自己喘不过气来，整天只能在生活的阴影中自怨自艾。有的人始终用欣赏的目光来看自己，即使看到自己有不少的缺点，也不会否定自己。他们认为缺点也是自己的一部分，它们和优点共同塑造了世间独一无二的自己。他们相信自己能够超越缺陷，能够将它转化成自己的优势。

其实，你所认同的劣势或缺点，都只是没有信心的借口，就算你拥有最好的竞争条件，如果缺乏自信，也会变成阻碍前进的劣势。

有的人遇到一点儿困难就悲观失望，受到一点儿挫折就灰心丧气，而如果与别人相比，身体上有某种缺陷，更是绝望不已，破罐子破摔，总认为自己比别人差了一大截，不可能有什么成就，只能坐以待毙了。其实，弱点也好，缺陷也罢，都不是成功的障碍，只是缺乏自信者的借口而已。

哲学家尼采认为，优秀杰出的人"不仅能忍人所不能忍，并且乐于进行这种挑战"。一些社会学家曾对许多身体有缺陷的成功者进行分析，最后得出结论："这些成功者，正是因为某种缺陷激发了他们的潜能。"威廉·詹姆斯曾说："我们最大的弱点，也许会给我们提供一种出乎意料的助力。"这也就是说，缺陷不仅不是障碍，还有可能成为激发事业成功的动力。

所以说，即使你有什么弱点，有什么缺陷，也不能因此丧失自信心，因为这些都不是你成功的障碍。只要你有志气、有决心，就完全可以克服自己的不足之处，甚至还可以把最弱的地方转化为最强的部分。

保持自己的本色，不要盲目地模仿别人

在这个世界上，每一个人都有着无法取代的独特性，每一个人的身上同样散发着不同的美，每一种美好的品质都是诱人的。所以，你没必要盲目地模仿别人，而应时刻秉持本色。

很久以前，有一只麻雀总想学习孔雀走路的样子。它觉得孔雀走路时显得很高贵，特别是当孔雀抖开尾巴上美丽的羽毛时，那开屏的样子是多么漂亮。"我也要像这个样子，孔雀能做到的，我也一定能做到。"麻雀想，"那时候，所有的鸟都会羡慕我、赞美我的。"

于是，麻雀开始模仿孔雀的样子。它伸长脖子，抬起头，深吸一口气让小胸脯鼓起来，伸开尾巴上的羽毛，也想来个"麻雀开屏"。可是，当麻雀学着孔雀的步法前前后后地踱着方步时，它感到十分吃力，脖子和爪子都疼得不得了。最糟的是，其他的鸟类都嘲笑它。不一会儿，麻雀就觉得受不了了。

"这实在太难受了，我不想再学了。"麻雀想，"我当孔雀也当够了，还是当个麻雀吧。"但是，当麻雀还想按照原来那个样子走路时，已经不行了。麻雀再没法子走了，除了一步一步地跳之外，再没别的办法了。这就是为什么现在麻雀只会跳而不会走。

其实，每个人都有各自的特点和长处，却总是容易忽视自己的长处，而看到别人的长处。结果就像故事里的那只麻雀一样，自己的长处得不到发挥，在模仿别人长处的过程中付出了惨痛的代价。走不出前人的框架，自然也就不会有自己的天地。成功没有固定的模式，一味地模仿不可能取得大的成就，甚至会失去自己本来的优势。

苔丝从小就特别敏感而腼腆。她的身体一直太胖，而她的一张脸使她看起来比实际还胖得多。苔丝有一个很古板的母亲，她认为把衣服弄得漂亮是一件很愚蠢的事情。她总是对苔丝说："宽衣好穿，窄衣易破。"而母亲总照这句话来帮苔丝穿衣服。所以，苔丝从来不和其他的孩子一起做室外活动，甚至不上体育课。她非常害羞，觉得自己和其他的人都"不一样"，完全不讨人喜欢。

长大之后，苔丝嫁给一个比她大好几岁的男人，可是她并没有改变。她丈夫一家人都很好，也充满了自信。苔丝尽最大的努力要像他们一样，可是她做不到。他们为了使苔丝能开心地做每一件事情，都尽量不纠正她的自卑心理，这样反而使她更加退缩。苔丝变得紧张不安，躲开了所有的朋友，甚至害怕听到门铃响。苔丝知道自己是一个失败者，又怕她的丈夫会发现这一点。所以，每次他们出现在公共场合的时候，她假装很开心，结果常常做得太过分。事后，苔丝会为此难过好几天。最后不开心到使她觉得再活下去也没有什么意思了，苔丝开始想自杀。

后来是什么改变这个不快乐的女人的生活呢？只是一句随口说出的话。随口说的一句话改变了苔丝的整个生活。有一天，她的婆婆正在谈自己怎么教养几个孩子，她说："不管事情怎么样，我总会要求他们保持本色。"

"保持本色。"就是这句话，在那一刹那之间，苔丝才发现自己之所以那么苦恼，就是因为她一直在试着让自己适合于一个并不适合自己的模式。

苔丝后来回忆道："在一夜之间我整个改变了，我开始保持本色。我试着研究我自己的个性、自己的优点，尽我所能去学色彩和服饰知识，尽量以适合我的方式去穿衣服，主动地去交朋友。我参加了一个社团组织——起先是一个很小的社团，他们让我参加活动，我吓坏了。可是我每发一次言，就增加了一点勇气。这一天我所有的快乐，是我从来没有想到可能得到的。在教养我自己的孩子时，我也总是把我从痛苦的经验中所学到的结果教给他们：'不管事情怎么样，总要保持本色。'"

每个人都是独立的自我，与其花过多的时间、精力去学习别人，不如找出自己的所能、所长去尽量发挥，所得一定比学习别人多。丹麦哲学家基尔凯曾说过："一个人最糟的是不能成为自己，并且在身体与心灵中保持自我。"

有一个女孩从小就爱唱歌，梦想将来能成为一名歌唱家。为了实现梦想，女孩刻苦训练，而且唱得越来越好。

然而，她不时为自己凹凸不齐的牙齿感到苦恼。为了不让大家看到自己讨厌的牙齿，她只能想尽办法掩饰。

一天，她在新泽西州的一家夜总会里献唱。她一直努力地盖住难看的牙齿，没想到弄巧成拙，女孩出尽了洋相。表演失败了，她伤心地哭起来。

就在这时，台下的一位老妇人来到她身旁，亲切地对她说："孩子，你真的很有音乐天分，我一直在关注你的演唱，也看出你想掩饰自己的牙齿。其实，长了这样的牙齿并不代表丑陋，听众欣赏的是你的歌喉，而不是你的牙齿，他们最想看的是真实。"

她接着说，"孩子，你尽可以张开嘴大声唱歌。那些你极力想遮掩的牙齿，说不定会给你带来好运呢，你相信吗？"

在这之后，女孩再也没有刻意隐藏自己的牙齿，而是放下心理包袱，张开嘴巴尽情地高歌。就像那位老妇人所说，她最后果真成了著名的歌唱家，不少歌手都纷纷效仿她，模仿她的样子演唱。

成功者走过的路，通常都不适合其他人跟着重新再走。在每个成功者的背后，都有自己独特的、不能为别人所仿效和重复的经历。与其一味地模仿别人，还不如充分利用自己的优势，让别人来羡慕你！保持自己的本色，在顺其自然中充分发展自己是最明智的。

挖掘自己的长处，别把宝贝放错了地方

人生成功的诀窍在于经营自己的长处，找到发挥自己优势的最佳位置。每个人都有自己天生的优势，也有自己天生的劣势。关键是看每个人是否能够发现自己的优势并有效地经营自己的优势。

"天才摆错了位置就永远是庸才。"很多时候是你不清楚自己的位置，找不到发挥的舞台，把自己当成了垃圾随地乱扔，荒废了自己的才能。而一旦发现自身的特质，就能帮助你找到自己的定位，让你在所从事的工作中游刃有余。

马克·吐温作为职业作家和演说家，可谓名扬四海，取得了极大的成功。可人们也许不知道，马克·吐温在试图成为一名商人时栽了跟头，吃尽了苦头。

马克·吐温曾投资开发打字机，最后赔掉了5万美元，一无所获。马克·吐温看见出版商因为发行他的作品赚了大钱，心里很不服气，也想发这笔财，于是开办了一家出版公司。然而，经商与写作毕竟风马牛不相及，马克·吐温很快陷入了困境，这次短暂的商业经历以出版公司破产倒闭而告终，作家本人也陷入了债务危机。

经过两次打击，马克·吐温终于认识到自己毫无商业才能，于是断了经商的念头，开始在全国巡回演说。这一次，风趣幽默、才思敏捷的马克·吐温完全没有了商场中的狼狈，重新找回了感觉。最终，马克·吐温靠工作与演讲还清了所有的债务。

可见，正确经营自己的长处，你才能更准确地发现自己的最佳才能，找到成功的最迅捷的途径。现实生活中，每个人对自己的人生道路和优势都应该进行一番设计，保持理性的头脑，认清方向，并加以精心培养，这样就可以少走弯路，事半功倍，早日成功。在人生的路上，只要善于发掘和利用自己的优点，就会成为一个成功人士。

一个人成功与否，在很大程度上取决于自己能不能扬长避短，经营好自己的长处。富兰克林说得好："宝贝放错了地方便是废物。"如果一个人不是经营自己的长处，而是扬短避长，过高或过低地估量自己，那么，他的人生之路将是非常崎岖和艰难的，可能终生劳碌但永远不会成功；相反，若善于发挥自己的优势，经营自己的长处，就可能很快驶入事业的快车道，创造出丰富多彩的人生。

"尺有所短，寸有所长。"每个人都有自己的长处，又都有自己的不足或弱势，如果你能经营自己的长处，就会给生命增值；反之，如果你经营自己的短处，就会使你的人生贬值。所以，只要你应当发掘自己的潜力，找到发展自己的道路，创造美好的人生。

时时不忘反省自己，才能日臻完美

反省，是一种优秀的品质，只有经常反省的人才能进步。所谓反省，就是反过来省察自己，检讨自己的言行，看一看有没有要改进的地方。

牧师纳德·兰塞姆去世后，安葬在圣保罗大教堂，墓碑上工工整整地刻着他的手迹："假如时光可以倒流，世界上将有一半的人可以成为伟人。"一位牧师在解读兰塞姆的手迹时说："如果每个人都能把反省提前几十年，便有50%的人可能让自己成为一名了不起的人。"他们的话道出了反省之于人生的意义。

苏格拉底说："一个没有检视的生命是不值得活的。内省不仅是了解自己做了什么，最重要的是透过它了解自己真正的意图。"柏拉图说："内省是做人的责任，没有内省能力的人不配做人，人只有透过自我内省才能实现美德与道德的兼顾。"确实如此，不反省就无法真正地认识自我，更不要说取得成功了。

著名作家利奥·巴斯卡力写了大量关于爱与人际关系方面的书籍，影响了许多人的生活。据说，他之所以有这样卓越的成就完全得力于小时候父亲对他的教育。每当吃完饭时，他父亲就会问他："利奥，你今天学了些什么？"这时，利奥就会把在学校学到的东西告诉父亲。如果实在没什么好说的，他就会跑进书房拿出百科全书学一点东西告诉父亲，之后才上床睡觉。这个习惯一直到他成年还坚持着。每天晚上，他就会拿十年前父亲问他的那句话来问自己，若当天没学到什么新知识，他是不会上床睡觉的。这个习惯时时刺激他不断地吸取新的知识，拥有心得，不断进步。

"金无足赤，人无完人。"人活在世上，谁都难免有这样或那样的缺点和错误，谁都难免有丑陋的一面。就连爱因斯坦都宣称，他的错误占90%，那么普通人身上的错误就更不用说了。

人最难认清的就是自己，而每次自我反省就是一次检阅，一次提升，一次重新认识自己的机会。反省是自我解剖的过程，用锋利的手术刀解剖自己毫无疑问是痛苦的，但唯有这样，自己的症结和缺陷才能明白显露，对自我的认识也变得更加准确和深刻，取得成功的可能性也就越大。

凯斯特再次失业了，到处应聘都没有回应，心里十分苦闷。一天晚上，他在自己简陋的寓所沉思。他原本有四个邻居，现在其中两个已经搬到高级住宅区去了，另外两位成了他原来所在公司的高级主管。他扪心自问：和这四个人相比，除了现在的工作单位、住宿条件比他们差以外，自己还有什么地方不如他们？是聪明才智吗？凭良心说，他们实在不比自己高明多少。

经过很长时间的思考和反思，他突然悟出了症结——自我性格情绪的缺陷。在这方面，他不得不承认自己比他们差一大截。

虽然是深夜3点钟，他的头脑却出奇清醒。站在镜子前，他觉得自己第一次看清了自己，发现了自己的种种缺点：爱冲动，妄自菲薄，不思进取，得过且过，不能平等地与人交往，等等。

整个晚上，他都坐在床上自我检讨。然后，他痛下决心，从今天起，一定要痛改前非，做个自信、乐观的人。

第二天早晨，他满怀自信前去面试，结果顺利地被录用了。在他看来，之所以能得到那份工作，与前一晚的沉思和醒悟让自己多了份自信不无关系。

在走马上任后的两年内，凯斯特凭着自己的努力，逐渐建立起了良好的口碑。有一段日子，公司的经济状况很不景气，很多员工情绪都很不稳定。而这时，凯斯特意志坚定，已经是中流砥柱了。他力挽狂澜，让公司渡过了难关。鉴于他在危难时期做出的贡献，公司分给了凯斯特可观的股份，并且给了他丰厚的薪水。

从凯斯特身上可以看到，并非所有的成功都来自于你的思想，更重要的是发现自己的不足，完善自己性格情绪，只有这样才能在事业中不断前进，实现自己的梦想。

每个人都要经常跳出自身来反省自己，一再地检视自己，这样才能真正了解自己。古今中外的许多伟人和智者，就是通过反省来战胜自己内在的敌人，打扫自己思想灵魂深处的污垢尘埃，减轻精神痛苦，从而净化自己的精神境界。

富兰克林是美国的开国元勋之一，他参与起草了举世闻名的美国《独立宣言》，几次当选为宾夕法尼亚州的州长；他创立了近代的邮政制度，还是美国第一位驻外大使；他不仅是著名的政治家，还是学者、哲学家、新闻工作者；他是美国第一位发明家，发明了两块镜片的眼镜、富兰克林式火炉、口琴、摇椅、路灯等；在自然科学领域，他发现了电和放电的同一性，发明了避雷针；他解释清楚了北极光，绘制出暴风雨的推移图。此外，他在医学、农业、印刷和制造等方面都有杰出的成就。

　　为什么一个人可以在这么多领域中都能取得如此杰出的成就？富兰克林的成功之道究竟是什么？除去勤奋努力的学习精神之外，后人从富兰克林的日记中发现，他还善于总结自己、反省自己、检讨自己。

　　根据对自己的认识，富兰克林制定了相应的13项人生信条。富兰克林发现，自己在浪费时间、为小事烦恼、和别人争论冲突这三个问题上最为突出，除非他能做到改正缺点进而完善自己，否则不可能有什么成就。于是，他决定在一个时期内专注于改正一个缺点，修炼一项信条，尽量不要在该信条上犯错。他设计了一张表格，每天进行自省，这样持续了多年，他终于成为美国历史上受人敬爱也颇具影响力的人之一。

　　一般来说，能够时时反省自己的人是非常了解自己的人。他们会时时考虑：我到底有多少力量？我能干些什么事？我的缺点在哪里？我有没有做错什么？这样一来，他们能够轻而易举地找出自己的优点和缺点，为以后的行动打下基础。

　　曾子云："吾日三省吾身。"这是圣贤的修身之道，凡人不易做到，但时时提醒自己，检视一下自己的言行却不是太难的事。一个人有了不当的意念，或做了见不得人的事，可能瞒过任何人，但绝对骗不了自己。人之所以会做对不起别人的事，不单是外界的诱惑太大，更重要的是自己的欲念太强，理智屈就于本能冲动。一个常常自我反省的人，不仅能增强自己的理智，而且必定知道什么是自己该做的，什么是自己不该做的。

　　要在比较中进行反省。比较可以带来进步，但比较前要先了解自己的独特、纯粹的自我，从而认清自我，发挥潜力。否则，比较之后只是一味地模仿别人，最后也只能落得个"自我"的虚名而已。

　　人出生时，那清澈透明的眼睛所见到的天地间的任何事物，都是珍贵无比、难以得到的宝贝。但是日复一日，年复一年，人们的眼睛开始蒙尘，同时心灵也堆满了尘埃。每天给自己安排一段冥想的时间，对自己的一言一行进行反省，扫除思想上的尘埃，减轻心灵的痛苦。

反省是认识自我、发展自我、完善自我和实现自我价值的最佳方法。成功学专家罗宾认为，人们不妨在每天结束时好好问问自己几个问题："今天我到底学到些什么？我有什么样的改进？我是否对所做的一切感到满意？"如果你每天都能改进自己的能力并且过得很快乐，必然能获得意想不到的丰富人生。真诚地面对这些提出的问题就是反省，其目的就是要不断地突破自我的局限，省察自己，开创成功的人生。

千万不要低估了你自己

人生最大的悲哀就是自己低估自己，在尚未开战前就丧失了求胜的勇气。许多人一事无成，就是因为低估了自己的能力，妄自菲薄，以致缩小了自己的成就。所以，每一个人都要对自己有信心，千万不要低估自己的能力。

经常听一些人在做某件事之前就否定了自己，说这不可能，那不可能。可是，你连试都没试，更没有全力以赴，又怎么知道自己不行？成果不是预料出来的，是做出来的。世界上的很多奇迹就是在质疑和不可能中发生的。很多看起来不可能办到的事情，其实都是因为你低估了你自己。

生活中，人总是喜欢羡慕别人。其实，你要知道，在你羡慕别人的同时，别人也在羡慕你。因为当你看别人时，注意力往往集中在别人的伟大的一面上，总觉得别人过得比自己好。其实，如果我们能够发现并享受自身生活中美好的一面，我们就会发现，只有做自己才是最好的，你自己才是最伟大、最重要的。

受经济危机的影响，日本有一个时期失业人数陡增，各个工厂也很不景气。一家濒临倒闭的食品公司决定裁员三分之一。有三种人名列其中：一种是清洁工，一种是司机，一种是无任何技术的仓管人员。这三种人加起来有30多名。经理找他们谈话，说明了裁员意图。清洁工说："我们很重要，如果没有我们打扫卫生，没有清洁优美、健康有序的工作环境，你们怎么能全身心投入工作？"司机说："我们很重要，这么多产品没有司机怎么能迅速销往市场？"仓管人员说："我们很重要，现在许多人挣扎在饥饿线上。如果没有我们，这些食品岂不要被流浪街头的乞丐偷光。"经理觉得他们说的话都很有道理，权衡再三决定不裁员，重新制定了管理策略。最后，经理在厂门口悬挂了一块大牌子，上面写着："我很重要。"

从此，每天当职工们来上班，第一眼看到的便是"我很重要"这四个字。不管一线职工还是白领阶层，都认为领导很重视他们，因此工作也很卖命。这句话调动了全体职工的积极性，几年后，公司迅速崛起，成为日本有名的公司之一。

无论一个人多么卑微、渺小，都有自身存在的价值，如果你能意识到"我很重要""我很伟大"，并以这种心态对待一切，生活将变得更加美好。平凡不是你的错，但如果甘于平庸就是大错特错，不要淹没在别人的光辉里，要让自己灿烂夺目。

要知道，任何个体都是不可或缺的，即使是一粒沙、一滴水。只要你懂得把自己放在最适合的位置、最适合的领域及最适合的时间点上，就会很重要。每个人的未来都充满了无限的可能性，你应该给自己这种探索自身潜能极限的机会，应该知道你的优势在哪里。所以，要善待自己，勇敢地接纳自己，大胆地说出："我很重要，我很伟大。"

战胜自我，攀登人生的巅峰

人这一辈子究竟有多少对手，恐怕难以计数。但有一个对手，你必须要认清，那就是你自己。只有辨清自己，彻底战胜了自己，排除了人生的盲区，才能把双脚踏在成功的跳板上。有位作家说得好："自己把自己说服了，是一种理智的胜利；自己被自己感动了，是一种心灵的升华；自己把自己征服了，是一种人生的成熟。大凡说服了，感动了，征服了自己的人，就有力量征服一切挫折、痛苦和不幸。"

李平曾是某县城中学的一位语文老师，后来，停薪留职来到北京"淘金"，找了近一个月的工作仍未果后，他心里就萌生了打道回府的念头。准备去买火车票的时候，他在一张报纸上看到该报刊招一名文字编辑的启事，想到自己以前曾发表过近百篇作品，就想去试一试。

招聘那天，应聘者有二十多人。大多数人手里拿的都是本科毕业证，甚至还有两位是文学硕士。李平看着自己手里的自考专科文凭，退堂鼓的棒槌在心里举起了好几次。但想起转了两次车，大老远来此应聘一次很不容易，觉得更不应该主动放弃机会，才没有把心中的那面鼓敲响。

　　笔试的内容是在半小时内修改好一篇千字文。这对作为中学语文教师的他来说，简直是小菜一碟。但面对众多的高手，李平丝毫不敢掉以轻心。

　　半个小时后，笔试结果就出来了，李平的成绩是最好的。他幸运地当了一名梦寐以求的编辑。

　　几年以后，李平仍常常在想，如果那次招聘，他被别人手中的文凭吓跑了，也许此生就与编辑无缘了。

　　生活中不乏此事。许多成功的人士都是在困难面前敢于战胜自我、超越自我，最终走上了成功的巅峰。

　　真正的成功不在于战胜别人，而在于战胜自己。只有战胜自己的人，才能取得真正意义上的成功。

　　一个人在某国旅游途中遭到抢劫后，被歹徒扔到了一个人迹罕至的原始森林中。他很恐惧，像无头苍蝇一样乱跑，可越是这样，他就越是找不到走出森林的路。随着时间进入夜晚，他的体力几乎丧失殆尽，加上饥饿的一步步逼近，他甚至已经放弃了求生的念头，只是本能地爬到一个山洞里面躺着等死。第二天早上，他突然听到一阵飞机的轰鸣声，透过树叶的间隙，他看到一架大型客机正从上面经过，他一下子兴奋起来了："我为什么要在此坐以待毙呢，我就不能战胜自我吗？"于是，他战胜了常人难以想象的困难和挫折。五十多天后，他终于走出了丛林，获得了重生。

　　这个遭劫者是幸运的，这幸运是他面对困难挫折时最终战胜了自我的"自然回报"。如果他没有挑战自我、战胜自我的惊人勇气和表现，他的命运肯定会是另一种情形。

汪国真曾说过："悲观的人，先被自己打败，然后才被生活打败；乐观的人，先战胜自己，然后才战胜生活。"因此，当遭遇困难挫折的时候，一定要战胜自我，因为只有战胜了自我，才能战胜一切的不顺利，赢得自由和光明。

战胜自我是生命的要求。人生就是一个不断地认识自我、挑战自我、战胜自我、超越自我的过程，只有努力创造、全力拼搏、不断超越，才能在激烈的竞争中占有自己的位置，使生命的碰撞发出耀眼的火花。印度总理尼赫鲁曾说过："在战场上，一个人有时会战胜一千个人，但只有战胜自己的人，才是最伟大的胜利者。" 所以，只有战胜自我，方能激发出自身内在的、巨大的潜能，走向成功之路。

第二章　情绪控制，让情绪为己所用

能控制情绪的人，才能做情绪的主人

情商的一个重要的内容就是掌控情绪。掌控自我情绪是一种重要的能力，也是人区别于动物的重要标志。

情绪是个体对外界事物的态度、体验相应的行为反应，它有积极和消极之分。积极的情绪能够推动人的身心向上、向上、再向上，它有利于学习和工作效率的提高，能够帮助我们获取成功。而消极情绪包括忧愁、悲伤、紧张、焦虑、痛苦、恐惧等，会为人带来一连串的负面影响，甚至将人拖下万丈深渊。消极情绪会使人反应迟钝、精神疲惫、进取心丧失，会夺走人的控制能力和判断能力，让人的意识范围变窄、正常行为瓦解，具有极大的危害。

有个脾气暴躁、快人快语的女孩，常因为小事和别人吵架，只要自己吃了一点点亏或受了一点点委屈，就会闹得世人皆知。她的人际关系因此愈来愈紧张，刚刚结识的新朋友知道她的脾气后都对她敬而远之了。她在家的时候，家人都懒得和她说话。有时候，家里有什么事情，家人为了避免自讨没趣也不会去通知她。终于有一天，她觉得自己已经处于崩溃边缘。

　　这个女孩打电话向她的朋友求救。这位从事心理辅导的朋友向她保证："我知道现在对你来说是有点糟，可是好好调整一下，一切就会好转。你现在的第一件事是让自己安静下来，好好地享受一下宁静的生活。"

　　听了朋友的话，女孩开始试着放弃先前忙碌的生活，好好地放松一下自己。她给自己休了一个长假，去向往了很久的城市旅行，像一个采风的人一样每天记录自己的见闻、心情，并观察那些悠然自得的市民们生活的细节。当她渐渐进入稳定的情绪之后，朋友又建议她："从现在开始，在你发脾气之前，不妨想想，究竟是哪一点触动了你。"

　　"你可以拥有两种思考方式，一种是让每件事情都在脑海里剧烈地翻搅，另一种则是顺其自然，让思想自己去决定。"朋友寄给她两个透明的刻度瓶，让她按照信中说的去做：分别装一半刻度的清水，然后从随瓶寄过来的两个塑料袋里取出白色和蓝色的玻璃球。"当你生气的时候，就把一颗蓝色的玻璃球放到左边的刻度瓶里；当你克制住自己的时候，就把一颗白色的玻璃球放到右边的刻度瓶里。最关键的是，现在，你该学会控制自己的情绪，如果你不试着控制自己的情绪，就会继续把你的生活搞得一团糟。"

　　此后的一段时间内，女孩一直按照朋友的建议去做。后来，朋友也过来看望她，她领着朋友去看两个水瓶，把两个瓶中的玻璃球都捞了出来。他们同时发现，那个放蓝色玻璃球的水瓶里的水变成了蓝色。原来，这些蓝色玻璃球是朋友把蓝色涂料染到白色玻璃球上做成的，这些玻璃球放到水中后，蓝色染料溶解到水中，水就呈现出蓝色。朋友借机告诫女孩："你看，原来的清水投入'坏脾气'后，也被污染了。你的言行举止是会感染别人的，就像玻璃球一样。当心情不好的时候，要控制自己。否则，坏脾气一旦投射到别人身上，就会对别人造成伤害，再也不能回复到以前的状态，所以一定要控制好自己的言行。"

在接受朋友的建议之前，女孩的心里从来容不下任何新的想法，也没有"情绪污染"的概念。只要有一时的不顺心，她就会爆发出来。"那时候我觉得每个人都应该活得洒脱，不要隐藏心里想的，现在才知道，这样的想法太自私了。"

慢慢地，女孩学会把自己当成一个思想的旁观者，来看清自己的意念。一旦有了不好的想法就及时扼杀掉，想法失控的时候就及时制止。这样持续了一年，她逐渐能够信任自己并且静观其变，生活也步入正轨，并重新获得了朋友。

生活中，扰人心情的事情时有发生，并成为影响情绪的罪魁祸首。你要看清自己的弱点，不要受到情绪的影响，用意志来控制自己，从容应付突发事件。

学会控制自己的情绪，对于每个人而言都是相当重要的，它是成功的前提，更是身心健康的保证。

伊桑和妻子及三个女儿住在马萨诸塞州，他和妻子在家门口经营着一家蛋糕屋。经他手制作的蛋糕和面包绝对是一流的，无论是味道、口感还是造型都堪称一绝，只要吃过的人都觉得意犹未尽、回味无穷。他的蛋糕屋上过很多杂志和报纸的美食评论专栏，可邻居们几乎都不去光顾这个蛋糕屋，因为他有着出了名的坏脾气，经常可以看到他面红耳赤、扯着嗓门与人争执的情景。

他的坏脾气不仅影响到蛋糕屋的生意，令他没有什么朋友，还让女儿们都不愿意和他沟通，就连他的身体也受到坏脾气的影响而变得越来越糟糕。妻子说他是一个无法忍受一丁点儿委屈、没有耐心并且不能被别人质疑的人。

伊桑也不喜欢这样的自己,他经常在勃然大怒后感到后悔,但下一次还是会这样。他想改变自己的愤怒情绪,就去找心理医生,去寻求控制愤怒的方法。心理医生要他尝试从1数到10的方法。

一次,在他因为小女儿没有完成家庭作业感到愤怒时,开始数数,1、2、3…9、10。这时,他惊奇地发现自己不是那么生气了,甚至不明白刚才为什么会那样头脑发热。他一次又一次地尝试着这个令他感到神奇的方法。在客人挑选了很多蛋糕和面包打包后,发现带的钱不够付账时;在客人挑剔店面装修不够时髦时;在妻子忘记了买做面包的果酱时……他从每次要从1数到10才能平息的愤怒,逐渐地数到8就消失了。最后,他可以不用数数,靠自己掌控愤怒的情绪了。

伊桑依靠自己的意志力,终于摆脱了一直缠着他的愤怒。他有了崭新的生活,一切都变得美好如意。

愤怒的情绪对个人的发展毫无益处,在怒火中放纵,无异于燃烧自己有限的生命。人生在世,值得你珍惜和品味的东西太多,与其耗费时间与精力去生气,不如多一份豁达、从容与理性,只有这样才能摆脱不良情绪的困扰,不成为情绪的奴隶,而是成为情绪的主人。

做自己情绪的主人,不仅让你重新获得主导权,而且会使你发现,掌控自己的情绪以后,所有的难题都能够轻松驾驭了。

控制好自己的负面情绪

每个人的情绪都会时好时坏。戴尔·卡耐基说："学会控制情绪是我们成功和快乐的要诀。"

人们在许多方面容易受到情绪的左右，有时人们做不好事情，就会归咎于"情绪不好"。在思考与计划、接受锻炼以达成某目标、解决问题等方面，情绪代表人们发挥心灵力量的极限，因而影响人们的人生成就。所以，要学会控制自己的负面情绪，这样才能用理智和冷静的态度正确对待情绪。

几年前，东京电话公司处理了一次事件。一个气势汹汹的客户对接线生口吐恶言。这个客户怒火中烧，威胁要把电话连线拔起。他拒绝缴付那些费用，说那些费用是无中生有的。他写信给报社，并到公共服务委员会做了无数次申诉，也告了电话公司好几状。

最后，电话公司派一个最干练的调解员去会见他。

调解员来到客户家里，道明来意。暴怒的用户痛快地把他的不满发泄出来。调解员静静地听着，不断地说"是的"，同情他的不满，这次见面花了六个小时。

调解员与暴怒的客户就这样会了四次面，到最后，客户变得友善起来了。

调解员说："在第一次见面的时候，我甚至没有提出我去找他的原因。第二、三次也没有。但是第四次，我把这件事完全解决了。他把所有的账单都付了，而且撤销了那份申诉。"

事实上，那个用户所要的是一种重要人物的感觉。他先以口出恶言和发牢骚的方式取得这种效果，然后当他从一位电话公司的代表那里得到了重要人物的感觉后，牢骚就化为乌有了。

受到用户无端的责骂当然生气，但这个高情商的调解员就这样轻易地驾驭了自己和他人的负面情绪，把负面情绪转化成了一种成功解决问题的动力。

驾驭自己的负面情绪，努力发掘、利用每一种情绪的积极因素，是一个高情商者所需的基本素质，也是一个人成功的基本保证。

天有不测风云，人有旦夕祸福。日常生活中，人们难免会遇到一些挫折、困苦等不愉快的事，一味地生气、焦虑、怨恨，不但不会使事情好转，反而会严重伤害身心健康。

人不会永远都有好情绪，任何人遇到灾难，情绪都会受到一定影响。这时，你一定要操纵好情绪的转换器。面对无法改变的不幸或无能为力的事，就抬起头来，对天大喊："这没有什么了不起，它不可能打败我。"或者耸耸肩，默默地告诉自己："忘掉它吧，这一切都会过去。"

保罗在一家夜总会里做事，收入不多。然而，他总是过着非常快乐的生活。

保罗很爱车，但是，凭他的收入想买车是不可能的事情。与朋友们在一起的时候，他总是说："要是有一辆车该多好啊。"眼中尽是无限向往之情。

一次，有人说："你去买彩票吧，中了大奖就可以买车了！"

于是，保罗买了两元钱的彩票。可能是上天过于垂青他了，朋友们几乎不敢相信，保罗就凭着两元钱的一张彩票中了大奖。

保罗终于实现了自己的愿望，他买了一辆车，整天开着车兜风，夜总会也去得少了，许多人看见他吹着口哨在路道上行驶，车子擦得一尘不染。保罗把车泊在楼下，半小时后下楼时，发现车被盗了。

刚开始时，保罗有些遗憾，但更多的是气愤，他恨透那个偷车贼了。他晚上思考了很久，第二天早晨，又变得很开心了。

几个朋友得到消息，想到他那么爱车如命，这么多钱买的车眨眼工夫就没了，都担心他受不了，就相约来安慰他。

保罗正准备去夜总会上班，朋友们说："保罗，车丢了，你千万不要悲伤啊。"

保罗却大笑起来："嘿，我为什么要悲伤啊？"

朋友们互相疑惑地望着。

"如果你们谁不小心丢了两元钱，会悲伤吗？"保罗说。

"那当然不会。"有人说。

"是啊，我丢的就是两元钱啊！"保罗笑道。

是的，不要为两元钱而悲伤。保罗之所以过得快乐，就因为他能够驾驭生活中的负面情绪。

对于那些善于控制负面情绪的人来说，当他们感到沮丧、生气或紧张时，会用开阔的心情和智慧来对待。他们不但没有因为感觉不好就对抗这些情绪，或感到恐慌，反而自在地接纳了这些情绪，知道这些终会过去。他们不但没有跌跌撞撞地对抗这些情绪，反而优雅地接纳了它们。这种方法让他们可以温和而优雅地离开负面情绪，进入心灵的正面状态。

冲动是魔鬼，足以毁灭你的一切

人们都说，冲动是魔鬼，一切冲动的后果都是难以想象的。无数事实告诉人们，冲动既害己更害人。人在冲动发怒时，会精神过度紧张，造成身体系统功能紊乱。时间长了，必然对身心健康大为不利。另外，当情绪激动到无法控制时，很可能做出伤害他人的事，造成不可挽回的损失。

有这样一个真实的故事：

在美国阿拉斯加州，有一个父亲因为忙于工作，便训练了一只狗来照顾自己的孩子。那只狗很聪明，能够咬着奶瓶喂奶给孩子。有一天，这个父亲出远门，第二天才赶回家。当他打开房门后，发现到处是血，孩子却不见了，而他驯养的那只狗也是满口鲜血。他的头脑立刻联想到一个可怕的结果，以为狗疯癫了吃掉了自己的孩子。那人在冲动之下大怒，拿起刀就把狗给劈死了。

随后，他突然听到孩子"呀呀"的声音，循着声音找去竟在床下找到了孩子。孩子虽然身上有血，却未曾受伤。他这时才冷静下来，发现角落还有一只已经死了的狼，嘴里咬着一块肉，而自己那只狗，腿上血肉模糊。原来是那狗救了自己的孩子，而自己在冲动之下误杀了它。

人在冲动时，急于在短时间内释放自己巨大的心理能量，像暴风骤雨般，毫无顾忌地竭尽全力表达内心感受，这是多么可怕啊。那些冲动的人，其实根本不理智，缺少思考也无耐心。他们被急切冲动的情绪冲昏了头，不分青红皂白地愤然采取行动。对狗的误杀行为尚且如此，人与人之间若是冲动起来，后果更是难以想象。

在英国发生了这样一则故事：

史蒂芬是一名警察。一天晚上，他身着便装来到市中心的一间食杂店门前，准备到店里买包香烟。这时，店门外一个流浪汉向他要烟抽。史蒂芬说他正要去买烟。流浪汉认为史蒂芬买了烟后会给他一支。

当史蒂芬从食杂店买完烟出来后，喝了不少酒的流浪汉再一次缠着他索要香烟。史蒂芬感到很反感，没有给他。于是，两人发生了口角。随着互相谩骂和嘲讽的升级，两人情绪逐渐激动。史蒂芬掏出了警官证和手铐，说：“如果你不放老实点，我就给你一些颜色看。”流浪汉反唇相讥：“你这个警察，你有什么了不起的，看你能把我怎么样？”在言语的刺激下，二人扭打成一团。旁边的人赶紧将两人分开，劝他们不要为一支香烟而发那么大火。

被劝开后的流浪汉骂骂咧咧地向附近一条小路走去，他边走边喊：“自以为是的警察，有本事你来抓我呀！”失去理智、愤怒不已的史蒂芬拔出枪，冲过去，朝流浪汉连开四枪，那个流浪汉倒在了血泊中。

最后，法庭以“故意杀人罪”对史蒂芬作出判决，他将服刑30年。

一个人死了，一个人坐了牢，起因居然只是一支香烟，而罪魁祸首是失控的冲动情绪。

许多人都会在情绪冲动时做出使自己后悔不已的事情来，不能控制自己的人就像一个没有罗盘的水手。他处在任何一阵突然刮起的狂风左右之下，每一次汹涌澎湃的风暴，每一种不负责任的思想，都可以把他推到这里或那里，使他偏离原先的轨道，并使他无法达到期望中的目的地。

有一个人叫尤翁，他开了个典当铺。有一年年底，他忽然听到门外一片喧闹。他出门一看，原来门外有位穷邻居在闹事。站柜台的伙计对尤翁说："他将衣服抵押了钱，空手来取。不给他，他就破口大骂，有这样不讲理的人吗？"

门外那个穷邻居仍然气势汹汹，不仅不肯离开，反而坐在当铺门口。

尤翁见此情景，从容地对那个穷邻居说："我明白你的意思，你这样做不过是为了过这个年。这种小事，值得一争吗？"于是，他命店员找出邻居的典当之物，共有衣服、蚊帐四五件。

尤翁指着棉袄说："这件衣服抗寒不能少。"又指着长袍说："这件给你拜年用，其他的东西不急用，就留在这里吧。"

那位穷邻居拿到两件衣服，不好意思再闹下去，只好离开了。

当天夜里，这个穷邻居竟然死在别人的家里。

原来，此人同一家人打了一年多的官司，因为负债过多，不想活了，于是就先服了毒药。他知道尤翁家富有，想在临死之前敲诈一笔。结果尤翁没吃他那一套，没有傻乎乎地当他的发泄对象，他于是就转移到了另外一家。

事后有人问尤翁，为什么能够事先知情而容忍他。尤翁回答说："凡无理挑衅的人，一定有所倚仗。如果在小事上不忍耐，那么灾祸立刻就会到来了。"

人们听了这话都很佩服尤翁。

客观的分析才会有助于找到问题的答案与真相，在冲动的情绪下只会丧失敏锐的判断力，最终作出令我们抱憾的决定。所以，平时无论工作还是生活都要尽力保持理性，用理智代替冲动。

控制自己的冲动是件非常不容易的事情，因为每个人的心中都存在着理智与感情的斗争。当谨慎之人察觉到情绪冲动时，会即刻控制并使其消退，避免因热血沸腾而鲁莽行事。冲动中爆发的结果可能会令人名誉扫地，甚至可能丢掉性命。因此，应该采取一些积极有效的措施来控制自己的情绪。在遇到较强的情绪刺激时，应强迫自己冷静下来，迅速分析一下事情的前因后果，再采取表达情绪或消除冲动的"缓兵之计"，尽量使自己不陷入冲动鲁莽、简单轻率的被动局面。比如，当你被别人无聊地讽刺、嘲笑时，如果你顿显暴怒，反唇相讥，很可能引起双方争执不下，怒火越烧越旺，自然于事无补。但如果此时你能提醒自己冷静一下，采取理智的对策，如用沉默为武器以示抗议，或只用寥寥数语正面表达自己受到伤害，指责对方无聊，对方反而会感到尴尬。

总之，在生活中，每当你发脾气或在愤怒的情绪下工作时，就应该分析所有使你愤怒的原因，然后避免使自己暴露于那些痛苦之下，采取一些积极有效的措施来控制自己的情绪。

永远不要抱怨，抱怨只会暴露无能

在日常生活中，很多人都有抱怨的习惯，家人、朋友、同事、老板、工作、社会，所有和他们有关联的人和事都会成为他们抱怨的对象。虽然抱怨不会像愤怒那样集中爆炸，却依然会对生活产生非常负面的影响，就像长期服用慢性毒药，在不知不觉间入骨入髓。对习惯抱怨的人来说，抱怨就像空气一样笼罩着他们，他们挑剔世上的每一样东西，仿佛没有任何事能让他们满意。这种不满的情绪就随着他们不断地抱怨，逐渐在心中发酵，让他们总是满腹怨气，一肚子都是不高兴，离轻松愉快越来越远。

一个寺院的方丈，曾经立下一个奇怪的规矩：每到年底，寺里的和尚都要对方丈说两个字，表达这一年来自己的感受与心得。第一年年底，方丈问新入寺的和尚最想说什么，有个和尚毫不犹豫地答道："床硬。"到了第二年年底，方丈照例询问那个和尚有什么感想，和尚快速答道："食劣。"等到第三年年底，和尚还没等方丈提问，就直接说道："告辞。"方丈看着和尚的背影摇摇头，自言自语道："心中有魔，难成正果。"

方丈所说的"魔"，指的就是和尚心里没完没了的抱怨，和尚的眼睛被外部因素所蒙蔽，不懂得珍惜眼前的拥有，所以很难修成正果。像和尚这样有心魔的人在现实生活中有很多，这类人总是满腹牢骚、怨气冲天，总觉得别人欠他什么、对不起他，觉得自己受到不公平的待遇，从来不考虑自己奉献了多少，只计较自己得到了多少，这类人心里只有抱怨，很难有所作为与成就。

有句话说得好："如果你想抱怨，生活中一切都会成为你抱怨的对象；如果你不抱怨，生活中的一切都不会让你抱怨。"要知道，一味地抱怨不但于事无补，有时会把事情变得更糟。所以，不管现实怎样，我们都不应该抱怨，而要靠自己的努力来改变现状并获得幸福。

约翰是一个有志的青年，但他总觉得老板对自己不重视，怀才不遇，很不满意自己的工作。他愤愤地对朋友说："我的老板从来不把我放在眼里，改天我要对他拍桌子，然后辞职不干。"

朋友问他："你对那家贸易公司完全弄清楚了吗？对他们做国际贸易的窍门完全搞通了吗？"

约翰摇了摇头，不解地望着朋友。

朋友建议道："君子报仇十年不晚，我建议你把商业文书和公司组织完全搞通，甚至连怎么修理复印机的小故障都学会，然后再辞职不干。"

看着约翰一脸迷惑的神情，朋友解释道："公司是免费学习的地方，你什么东西都通了之后，再一走了之，不是既出了气，又有许多收获吗？"

约翰听了朋友的建议，从此便偷学默记，甚至下班之后，还留在办公室研究写商业文书的方法。

一年之后，那位朋友偶然遇到约翰，问道："你现在大概多半都学会了，准备拍桌子不干了吧？"

"可是我发现近半年来，老板对我刮目相看，最近更是不断加薪，并委以重任，我已经成为公司的红人了。"

"这是我早就料到的。"他的朋友笑着说，"当初你的老板不重视你，是因为你的能力不足，却又不努力学习；而后你痛下苦功，通过学习以后，工作能力不断提高，当然会令他对你刮目相看。"

生活中有许多不快乐。没有一种生活是完美的，也没有一种生活会让一个人完全满意。大家无法从不抱怨，但应该让自己少一些抱怨，多一些积极的心态去努力进取。因为如果抱怨成了一个人的习惯，就像搬起石头砸自己的脚，于人无益，于己不利，生活就成了牢笼一般，处处不顺，处处不满；反之，则会明白，自由地生活着本身就是最大的幸福，哪会有那么多的抱怨呢？

荀子说："自知者不怨人，知命者不怨天，怨人者穷，怨天者无志，失之己，反之人，岂不迂乎哉！"这就是说，人们要学会自我调适，对自己与环境都要有一个清醒的认识，尽量冷静下来，把问题想通、想透，这样才不会怨天尤人，并且把命运的主动权牢牢攥在自己手中。

比尔生活在城市里，但是生活即使舒适，但有时仍感觉缺少事做；即使忙碌，但也觉得空虚；有快乐，也有彷徨，有希望，也有失望，总是难得如意。因此，寻访乡野成了他解决烦恼的一种途径。乡间正值丰收季节，田垄上堆着稻子，农人提着镰刀，松松斗笠，用毛巾擦着汗，嬉笑地走向冒着炊烟的家。比尔和一位长者在树下搭讪。长者淳朴而友善，说："我们感觉快乐是因为我们能够适应田间的生活，而且喜欢它。我很乐观，我对生活不曾抱怨过，我吃自己种的蔬菜和水果，觉得那是世上最好的食物。"比尔若有所悟地点了点头。

尽管失意太多，尽管生活给了你太多的不如意，可这些不确定因素即使抱怨也是改变不了的。抱怨生活只是弱者失败的借口。生活本来就是不公平的，永远不要抱怨生活，因为生活根本不知道你是谁。只有用平凡的心去面对所给你的不如意，心中的乌云才会慢慢散开。

抱怨生活，只能让自己意志消沉、沮丧、心灰意懒、甘为庸碌，最终迷失自我。停止抱怨，努力工作和生活，世界将会更美好。只有不抱怨生活的人，才是生活的主人。只有不畏惧生活中的不平和磨难，在生活中历练自己，促使自己成长和成熟，羽翅丰满，才能在广阔的天空翱翔，放飞梦想，实现人生价值。

嫉妒，让你陷入无法自拔的危险旋涡

有这样一个故事：

有个人幸运地遇见了上帝。上帝对他说："从现在起，我可以满足你任何一个愿望，但前提是你的邻居必须得到双份。"那人听了喜不自禁，但仔细一想后心里很不平衡："要是我得了一份田产，那邻居就会得到两份田产；要是我得到一箱金子，那他就会得到两箱金子。更要命的是，要是我得到一个绝色美女，那个注定要打一辈子光棍的家伙就同时拥有两个绝色的美女！"那人想来想去，不知该提出什么愿望，因为他实在不甘心让邻居占了便宜。最后，他咬咬牙对上帝说："万能的上帝啊，请挖去我一只眼珠吧。"

故事中的主人公为了不让邻居过上比自己更好的生活，不惜伤害自己，这种行为，真是可怕至极。这种强烈的嫉妒心理，实际上是把自己置于一种心灵的地狱之中，折磨自己。但折磨来折磨去，却一无所得。

嫉妒是心灵的地狱，使人心中充满恶意、伤害。一个人有了这种不健康的情感，就等于给自己的心灵播下了失败的种子。

生活中，爱嫉妒的人常常会诋毁别人的成绩，还会怨恨自己的无能，心中充满唯恐被别人超越的苦恼，身心备受双重煎熬。嫉妒心强的人还会惹是生非，拆人家的台，给人家处处出难题、使绊子，同时会使自己变得消沉或充满仇恨。如果一个人心中变得消沉或是充满仇恨，那么他距离成功也就越来越远。

晴儿是一家服装公司的主管。她外表优雅大方，工作能力很强，在公司既受下属的欢迎，也很受领导的信赖。工作五年以来，她已经习惯了这种受人重视的感觉。然而，最近公司新来的一个女孩子莉莉却让她明显地感觉到自己的地位受到了威胁。

莉莉聪明、活泼，性格开朗，来了没几天，就和同事们搞好了关系，这让晴儿产生了极大的嫉妒心理。

本来，莉莉仅仅是一个刚刚毕业的女孩，没心机，很单纯。但晴儿以为莉莉在公司的所有行为都是在向她挑战，挑战她在公司中长久以来得到的地位。在这种心理的驱使下，晴儿的心理开始出现失衡，处处排挤莉莉，和莉莉作对。

当有同事夸莉莉活泼时，晴儿就说："这丫头没头没脑，一点儿教养都没有。"当莉莉遇到问题向她请教时，她也一改在他人面前的优雅大方，摆出一副臭脸。慢慢地，其他同事都感受到了晴儿对这个新来的小女孩有些敌意，也看到了她平常难以让人发觉的尖酸刻薄。

而对晴儿在工作中故意针对莉莉一事，同事们都气不过，主动站到了莉莉这一边。这让晴儿更加生气了，嫉妒心更重，她时常脾气暴躁，毫无缘由地发脾气，性格多疑，以致影响到了她在公司与其他同事的关系和工作，最后不得不放弃近在咫尺的升职机会，被迫辞职。

嫉妒毁掉了晴儿原本很好的同事关系，毁掉了她的工作，毁掉了她的美好前程。从晴儿的故事中，大家应该意识到嫉妒给自己带来的巨大破坏力。它的产生可能是因为一件不起眼的小事，但如果这件小事不能处理得当，将会给自己带来严重的不良后果。嫉妒会让人事事争强好胜，总是想方设法阻止别人的发展，压制对方，这可能使周围的人远离你，害怕与你交往，从而缩小了自己的交往圈，使自己感到孤独。

嫉妒是万恶的根源，是美德的窃贼。越是嫉妒别人，就越容易消磨自己的斗志和锐气，越会陷入无止境的叹息，使自己的人生之舟搁浅在嫉贤妒能的荒滩上。

美国汽车大王福特家族经历几十年，却在福特三世的手里画上了句号。福特三世是一个嫉妒心极重、说一不二、喜怒无常的人。福特公司易手家族以外的人，就与他的为人有极大关系。

1978年7月13日，在福特汽车公司工作了32年、当了8年总裁的艾柯卡被解雇了。这一事件在美国企业界引起了轩然大波。各地的报纸杂志纷纷报道并发表评论，认为这怎么可能呢？艾柯卡是一位高才，在福特公司总裁的位置上干了8年，为公司净挣35亿美元，福特为什么要赶走一位功臣呢？

原来，福特三世这个人唯我独尊，心胸狭窄。艾柯卡功勋卓著，在公司内外获得一片赞扬声。艾柯卡干得愈好，福特三世的妒火越旺。对艾柯卡同意的每一件事，福特三世都竭力攻击。当艾柯卡不在公司的时候，福特三世就召开会议，否定艾柯卡的计划。

福特三世赶走了艾柯卡，并没有使艾柯卡损失什么，是金子到哪里都能闪光，是人才到哪里都能大展宏图。艾柯卡被赶走以后，接任克莱斯勒汽车公司的总裁，使濒于倒闭的克莱斯勒汽车公司重振山河。

福特三世嫉妒艾柯卡，受损失的反而是福特三世。当时，《纽约时报》《汽车新闻》《华盛顿邮报》《华尔街日报》与哥伦比亚广播公司等几十家报刊电台都站出来为艾柯卡打抱不平，讥笑福特三世是"妄自尊大的老头""60岁的老少年"。报业托拉斯专栏作家在高度评论艾柯卡的人品和业绩以后，含沙射影地指责福特三世，最后感慨地问道："如果像艾柯卡这样的人的饭碗都不牢靠，你的饭碗还牢靠吗？"当福特三世狭窄的心胸暴露在光天化日之下时，没有人才愿意和他接近。福特三世赶走了艾柯卡，大大减少了自己的力量，增强了对手的力量。5年以后，公司易手家族以外的人。

培根说："每一个埋头沉入自己事业的人，是没有时间去嫉妒别人的。"换言之，凡是产生嫉妒心理和行为的人，是没有把心思"埋头沉入自己事业的人"。

嫉妒产生的原因，大多是由于自知不足，比不上别人，这本身就是一个促其转变的好契机。"知耻近乎勇"，知道自己的不足，努力加以弥补，这才是积极的态度。但如果人与人之间由于嫉妒而你整我，我整你，冤冤相报，何时能了？而且，喜欢嫉妒别人的人自己的日子也不好过。每天嫉妒别人，自己心里也烦恼，总是觉得别人比自己高明，对此又不能平静，由嫉妒转为想算计别人。

在生活中，当你发现自己嫉妒一个各方面都比自己能干的人，不妨反省一下自己是否在某些方面有所欠缺。在得出明确的结论后，你会大受启示。你不妨就借嫉妒心理的强烈超越意识去发奋努力，升华这种嫉妒之情，以此建立强大的自意识来增强竞争的信心。这样，不但可以克服自己的嫉妒心理，而且可使自己免受或少受嫉妒的伤害，同时还可以取得事业上的成功，又可感受到生活的愉悦。

人生在世，一定要有一颗平静和善的心，切不可心怀嫉妒。俗话说："己欲立而立人，己欲达而达人。"别人有所成就，自己不要心存嫉妒，应该要平静地看待别人所取得的成功，这是拥有幸福人生的秘诀。

学会遗忘，拥抱美好心情

遗忘不是要你彻底失去对过去的回忆，而是要让你学会放下、学会遗忘，用理智过滤掉自己思想上的杂质，祛除不愉快的因子，保留真诚的情感。一个善于遗忘的人，才能更好地保留人生最美好的回忆。

人的一生中，不可能没有挫折和坎坷，甚至还会发生一些不幸的事情。学会遗忘，并且能够换一个角度看社会，失望就会变成乐趣，抑郁就会升华为一种欢悦。

随着生活节奏的加快和生活方式的不断更新，各种磕磕碰碰的事情更多了。为了使疲惫的机体能够张弛有度，学会遗忘是生活中必不可少的内容。其实，生活中有很多的事情不需要大家牢记，就像是同事间的无谓摩擦、邻里之间的细微纠纷、恋人间的情感波折、夫妻间的小小口角等，大可不必放在心上。当如烟的往事搅得你心烦意乱，给你带来种种困扰的时候，你就会感觉到遗忘确实是一剂良药。

人的一生中，会遇到各种烦恼、挫折、坎坷，甚至还会发生某些不幸。一味地沉浸在苦闷、失落、悲伤的情绪中不能自拔，只会对身心健康产生巨大的损害。所以，要学会遗忘，忘记那些不该记住的东西，忘记不属于自己的东西。只有学会遗忘，你才会忘却烦恼，让你的心灵更加纯洁安详，让你生活得更从容。

有一个年轻的女子，心情特别不好。原因是几天前丈夫在一场突如其来的车祸中失去了生命，而出生不久的孩子也因此夭折。身边的人都怕她经受不住打击，纷纷劝她出门散散心。于是，她来到了五台山。在夜幕降临时，她独自一人爬到了山顶，看看眼前的悬崖峭壁，想想最近几天发生的事情，她有一种想跳崖自尽的冲动。

正当她鼓起勇气准备迈出那一步时，突然听到一声："阿弥陀佛。"她回头看了看，一位僧人正坐在她身后的岩石上。僧人见她回头，于是赶紧问道："女施主有何想不开的事，竟如此轻生？"出于对出家人的敬意，她坐下来讲述了这几天的经历，后来越说越悲痛，自己竟失声痛哭了起来。僧人静静地听着她的故事，然后以佛理劝说，希望女子能够珍惜生命。

年轻女子摇摇头，显然这些道理她已经听不进去了，僧人思考片刻后，于是问道："那你两年前是什么样子呢？"女子眼睛一亮，徐徐说道："两年前的我很开心，无忧无虑的，整天都和朋友们出去玩耍，没有烦恼。"僧人说："既然如此，你何不将这两年的经历忘记，就当回到两年前的样子？你还是你，什么都没有失去啊。"

女子愕然，思考良久，幡然醒悟，自言自语道："是啊，我还是两年前的我，生活并没有改变什么。我依然年轻，可以从头再来。"女子至此下定决心，拜谢僧人后，回去开始了新的生活。

僧人用智慧开导了轻生的女子，让她不良的情绪消散了，让她明白：用"痛苦"来惩罚自己是很愚蠢的事，只有选择遗忘才能收获更多。生活中的人们也同样如此，如果经历的事情过于痛苦，那就没有再重温的必要。一个人背负太多的过往，只会让自己活得更辛苦；一味沉醉于过去，就等于扼杀了将要拥有的未来。

学会遗忘，人生才会更美好。有烦恼不重要，重要的是你要学会抛开烦恼，学会遗忘。遗忘烦恼，遗忘人生中的不如意，遗忘生活中的鸡毛蒜皮。只有遗忘这些，你才能轻装上阵，才能生活得洒脱一些。如果不能遗忘，事事计较，那些烦恼、不愉快与忧愁只会越积越多，使你感到生活越来越累。

人生的路是崎岖而又漫长的，有太多太多的烦恼和忧伤。如果你想永远开心，那么，请你经常换一下心情，遗忘烦恼，以真实的快乐去对待每一天。毕竟，不是所有的经过都需要记忆，不是所有的记忆都需要珍藏。沉溺于旧日的失意是脆弱的，迷失在痛苦记忆里是可悲的，不能遗忘过去，往往会漠视今天、失去明天，所以要学会遗忘。

学会遗忘是对生活的一种豁达，是人生的一种境界。人生在世，忧虑与烦恼有时也会伴随着欢笑与快乐。如果一个人的脑子里整天胡思乱想，把没有价值的东西也记存在头脑中，那他总会感到人生有很多的不如意。

所以，很有必要对头脑中储存的东西，给予及时清理，把该保留的保留下来，把不该保留的予以抛弃。那些给人带来诸方面不利的因素，实在没有必要过了若干年还值得回味或耿耿于怀。只珍藏你的欢乐与微笑，珍藏你生命中真实的感动，抛却你的痛苦忧伤，甩掉你心灵上背负的沉重行囊，轻装前行，心静似水，心明如镜，脑海里才能显现出理性的光辉，你才能过得快乐一些。

第三章　自我激励，
每个人都有巨大的潜能

自我激励，不待扬鞭自奋蹄

人的一切行为都是受到激励而产生的，通过不断地自我激励，就会使你有一股内在的动力，朝向所期望的目标前进，最终达到成功。成功总是属于不懈努力和不断地自我激励的人。

所谓自我激励，就是通过激发人的行为动机的心理，使人处于一种兴奋状态。这种状态不仅能够使你充满激情地面对工作、迎接挑战，而且可以让你在平凡的工作中做出不平凡的业绩来，因为成功总是属于不懈努力和不断自我激励的人。

自我激励是无形的财富、看不见的法宝，是一切内心要争取实现的条件，包括希望、愿望等所产生的一种动力，是人类活动的一种内心状态。人类的一切行为都有一定的目的和目标，有目的行为都是出于对某种需要的追求。人的一切行为都是受到激励而产生的，通过不断自我激励，就会使人有一股内在的动力，朝所期望的目标前进并最终达到目标。因此，自我激励在个人走向成功中起着引擎的作用。

美国著名的销售训练大师布莱恩·崔西最初从事销售职业时经历了很多坎坷。他原来是一个工程师，薪水也很高。当他发现朋友从事销售很赚钱，于是就改行了。但是事情并没有那么简单，在他转行的第一年就遭受了失败。布莱恩·崔西在接触第一个客户的时候就受到了排斥，致使彼此十分尴尬。他甚至想要马上离开，逃离这样的氛围。这给布莱恩·崔西的内心带来了阴影，开始害怕去见客户，总是控制不住地想要退缩，甚至根本不愿意承认自己是推销员。连自己都不能承认自己，那么别人就更不把自己当回事。

后来，布莱恩·崔西决定努力消除自己的顾虑，当他再次遇到困难想退缩的时候，他就鼓励自己："布莱恩，你真的很差劲吗？你看看，别人能在这里赢得精彩，你为什么不能？"

通过自己对自己鼓励，他再次有了追求的勇气和动力。于是，他开始承认自己的身份，并且每天都带着希望，满怀信心去拜访客户，并坦诚地向客户展示其可能需要的商品。最终，他获得了巨大的成功，成了世界顶级的推销员。

当自己孤立无援的时候，很多人想到的是寻找别人的肩膀去依靠，希望得到别人的安慰和鼓励。与其依赖别人，为什么不去依靠自己呢？生活中的很多挫折、困难和打击都是需要自己独立去面对的，在别人给不了你帮助和支持的时候，你就要学会为自己呐喊，为自己加油鼓劲。

学会自我激励，是一个人成功的必备素质。美国哈佛大学的威廉·詹姆斯发现，一个没有受过激励的人，仅能发挥其能力的20%～30%；而当他受到激励时，其能力可发挥至80%～90%，即一个人在通过充分的激励后，所发挥的作用相当于激励前的3～4倍。因此，只有学会了自我激励，才能不断地战胜自我，真正成为自己命运的主人。

美国一家知名度很高的杂志对美国前500家大企业的领导作了一次调查研究，发现这些人身上的第一个共同点是：重视自我激励。他们有的把激励自己的话录成磁带；有的抄在小本子上随身携带；有的写在纸上，张贴在自己视野所及的地方；有的每天花几分钟的时间，面对镜子反复朗诵那些令人振奋、令人自信的语句。他们就是这样来激励自己，走向成功的。

古代，苏格兰有位国王叫罗伯特·布鲁斯，他曾前后多次领导他的人民抵抗英格兰军队的侵略，但由于力量对比悬殊，6次都失败了。一个风雨交加的晚上，战败后的他悲伤、疲乏地躺在一个农家棚子里，几乎没有信心再战斗下去了。

这时，他看到棚子里一只蜘蛛在艰难地织网，将丝从一端拉向另一端。但是由于风雨的打击，蜘蛛失败了无数次，然而这只蜘蛛并没有灰心，经过一次又一次的努力，最后终于成功了。布鲁斯受到了极大的启发，"我要再试一次，我一定要取得胜利！"

他激励着自己，重新建立起信心，以更大的热情领导他的人民进行战斗。这次他终于胜利了，将侵略者赶出了苏格兰。

自我激励是人生中一笔弥足珍贵的财富，是人前行的无穷动力。一旦你拥有了自我激励的动力，你的生命就插上了美丽的翅膀，它将带着你展翅翱翔，创造属于你自己的人生辉煌。

事实上，在每个人的生命里，潜藏着一种神秘而有趣的力量，那就是自我激励。自我激励是一个人事业成功的推动力，其实质是一个人把握自己命运的能力。你要有健康的心理，善于运用一定方法进行自我激励。

情商理论认为：自我激励从某种意义上说就是自我期待，人们激励自己的目的就是为达到所期待的目标。那么，应该如何激励自己呢？

以下方法可以帮你实现自我激励，塑造那个你一直梦寐以求的自我。

1. 保持良好的心态

良好的心态有助于摆脱挫折感，在受挫折时不断地给自己好的心理暗示，多想一些让自己兴奋和开心的事情，多想想事情的积极性的一面。

2. 调高目标

真正能激励你奋发向上的是确立一个既宏伟又具体的远大目标。许多人惊奇地发现，他们之所以达不到自己孜孜以求的目标，是因为他们的主要目标太小，而且太模糊，使自己失去主动力。如果你的主要目标不能激发你的想象力，目标的实现就会遥遥无期。

3. 把握好情绪

人开心的时候，体内就会发生奇妙的变化，从而获得阵阵新的动力和力量。但是，不要总想在自身之外寻开心。令你开心的事不在别处，就在你身上。因此，找出自身的情绪高涨期用来不断激励自己。

4. 适当给自己奖励

当自己完成一个阶段性的任务或取得阶段性成果的时候，要给予自己适当的奖励，以保证自己的状态良好。展望下一个目标时，对自己许下一个愿望，如果能够达成，如何给自己奖励，以保证自己的激情。

5. 直面恐惧

成功者的亲身经历告诉人们，战胜恐惧后迎来的是某种安全有益的东西。哪怕克服的只是小小的恐惧，也会增强你对创造自己生活能力的信心。如果一味想避开恐惧，它们就会像饿狼一样对你穷追不舍。此时，最有效的应对方式莫过于双眼一闭，假装它们不存在，振作精神，勇往直前。

激发潜能，做最出色的自己

所谓"潜能"通常是指一个人的身体、心理素质等方面存在的发展可能性。潜能是一个人本身具备但还没有开发出来的能力，它就像是一双隐形的翅膀，只有在人们发现它的那天起，它才会让你真正插上双翼，带你在天空自由飞翔。

有一名心理学家到一所著名的大学挑选了一些运动员做试验，要求被选上的运动员做一些别人无法做到的高难度运动。在开始之前，心理学家告诉运动员：虽然运动难度较高，但由于他们是经过挑选的国内最好的运动员，因此他们一定能做到。这群运动员被随机分成两组，第一组到了体育馆后，虽然尽力去做，但没有做到。第二组到了体育馆后，研究人员告诉他们第一组失败了，并说第二组比第一组更有实力，还给了一种药丸叫他们吃下去，告诉他们那是一种新药，吃了以后会让他们有超人的水准。结果，第二组运动员很容易就完成了那些困难的运动。之后，运动员问研究人员那是一种什么样的药丸，研究人员告诉他们那只是一些普通的维生素而已。

上面事例中，第二组运动员之所以能完成那些别人都做不到的高难度运动，靠的是什么呢？靠的是那些普通的药丸带给他们对自己的信任！每个人都有着自己都无法估量的巨大潜能，很多看似无法做成的事，只要相信你能做好，你就真的能够做好。

研究表明，人的潜能是巨大的，在每个人的身体里面都潜伏着巨大的能量，只要你能够发现这种能量并加以利用，便可以成就你所向往的一切东西。有一个很著名的冰山理论就很好地展示给大家惊人的潜能。人们已经拥有的能力就好像冰山一角，只占能力的30%，而还有70%的能力隐藏在冰山之下，未被发掘。不妨大胆假设：假如人能利用脑力的2%，也就是把大脑潜能提高一倍的话，解决问题的能力将会多么惊人！

安东尼·布尔盖斯是美国著名的畅销书作家，以他的小说《发条橙》为创作蓝本拍摄的同名电影，还得到多项奥斯卡奖提名。除此以外他还写了70多本书，是一位相当高产的作家。其实，布尔盖斯之前并不是作家，而且也从来没有写过小说。他的写作潜能完全是因为一次重大疾病而被激发出来的。

布尔盖斯40岁的时候，被查出患有脑癌，而且医院下达了病危通知单：最多能活一年。想到自己只能活到明年的这个时候，布尔盖斯开始计划在最后的日子做些自己想做而没有完成的事情，他开始动笔写作。

一想到生命就要逝去，他就废寝忘食夜以继日地写作，从未停下手中的笔，在新年将至时，他完成了几部小说。时间慢慢地走向最终的指针，但是奇迹出现了，他并没有像医生预言的那样悄然离世，而且居然在逐渐好转。

而他的写作潜能也在一年的时间内被激发出来。此后，他成了一位专职作家。就是那一次病危通知激发了他无限的写作能量。

任何成功者都不是天生的，成功的根本原因是开发了人的无穷无尽的潜能。每一个人的内部都有相当大的潜能，就看你是否有能用激情点燃它。爱迪生曾经说："如果我们做出所有我们能做的事情，我们毫无疑问地会使我们自己大吃一惊。"

一般情况下，人体内蕴藏着的巨大力量都处于沉睡状态，等待着被唤醒。在平静的、安逸的环境下，人们往往感觉不到它，甚至觉得自己的能力有限，只能平庸地度过一辈子；只有在充满着挫折的逆境中，一个人体内的潜能才有可能被激发出来，促使其走向成功与辉煌。所谓"逆境出人才"，就是这个道理。

一位已被医生确定为残废的德国人，名叫马塞耐，靠轮椅代步已12年。他原来身体很健康，19岁那年，他为了家族的利益和别人格斗时负了伤。经过治疗，他虽然康复，却没法行走了。他整天坐着轮椅，觉得此生已经完结，有时就借酒消愁。

有一天，他从酒馆出来，照常坐轮椅回家，却碰上三个劫匪抢他的钱包。他拼命地呐喊，拼命地抵抗，这一下激怒了劫匪，他们没想到一个残疾人在他们面前竟敢反抗。于是，劫匪拖住他的轮椅，摔在一边，并放火烧他的轮椅。看着轮椅燃起的火焰，这伙劫匪纵声大笑。看着自己的轮椅被烧，趴在地上的马塞耐痛苦不已。他越是痛苦，劫匪越是兴奋。劫匪们决定好好地羞辱他一番。他们站在离马塞耐几米开外的地方，对他喊道："你要是能走到这儿，我们不但还你钱包，还给你磕头，小伙子，怎么样？"

马塞耐悲愤交加，忘记了自己是残疾人，双手一撑，居然从地上站了起来，拼命地向劫匪扑去。劫匪吓得目瞪口呆，也许他们觉得这太不可思议了，赶紧丢下钱包跑了。令人惊奇的是，马塞耐从此甩掉了轮椅，奇迹般地康复了。

马塞耐悟出了一个道理，那就是人身上蕴藏着无穷无尽的潜能，要不是劫匪刺激，恐怕自己要在轮椅上待一辈子。既然能站立起来，他也可以干出一番事业来，他相信自己身上潜藏着的能力。他想经商，但他父母不同意，邻居们一听哈哈大笑，说他在轮椅上坐了这么多年，很多事情都不了解。现在残疾居然好了，那是上帝的恩赐，要去经商，不是浪费金钱、白费力气吗？父母也坚决不同意，他们要求儿子跟随自己在农场干活，别去冒险经商，还给儿子列举了许多经商失败的例子。谁知，儿子执意要经商。马塞耐的执着激怒了父母，他们和马塞耐脱离了关系。马塞耐虽然很难过，但经商的意念毫不动摇。他相信自己既然能站起来，因为是侮辱激发了他体内的潜能，现在去经商，成功的渴望也同样会激发他体内的潜能，他要干出一点成就让他们看看。

后来，他果然成为德国赫赫有名的商业大亨。当人们向他讨教成功的经验时，马塞耐说："人体内蕴藏着无穷无尽的潜能，只要你用一种方式把它开发出来，你离成功也就为时不远了。"

很显然，马塞耐的成功要感谢那些邻居们的嘲笑与父母的拒绝，正是他们的刺激开发了他体内的潜能，就像那劫匪的侮辱刺激他站起来一样，成功是对这些嘲笑和侮辱的最好的回答。

每个人的体内都蕴藏着巨大的力量，都有创造生活的无限潜能，只不过这种能量经常会被人们所忽视。只有面临特定的困境，人们才会将其开发出来，并加以利用。其实，你完全可以主动发掘自身的潜能。只要对自己充满信心，必然会令自己和他人刮目相看。相信自己，就拿到了开启成功大门的钥匙。

有雄心，就有无限的可能

有位哲人说："心有多大，世界就有多大。"不管你现在的地位是多么卑微，或者从事的工作是多么微不足道，只要你有攀登巅峰的雄心，并愿意为此付出艰辛的努力，那么迟早有一天，你就有机会攀到顶峰，看到广阔无边的世界。

心有多大，舞台就有多大。这是人生的哲学。一个有强烈雄心的人，才会去追求自己的梦想；一个有伟大梦想的人，才会去做伟大的事情。如果你现在没有成功、没有地位、没有财富，那无关紧要，只要你有雄心，并由将这种雄心贯彻到底的智慧、毅力和勤奋，那么你站在金字塔的塔顶的时候就指日可待。

雄心是一个人实现梦想的关键因素。人有了雄心，就有了力量的源泉。很多时候，决定一个人能否成功，不是这个人的才华，不是这个人的家境，更不是这个人的口头言论，而是这个人内心深处的欲望，一种实现目标、成为成功者的强烈欲望。

雄心是获取财富的助推器，野心越大，动力就越大；动力越大，其行动就越有力；行动越有力，实现财富梦想的概率就越大。这些都是成正比的。如果你想要获得财富，就必须要让你的欲望变得非常强烈，因为只有拥有强烈的欲望才能使你奋进。

王均瑶曾是均瑶集团的董事长，也是"民营资本进入航空业"的第一人。他从一名普通的温州辍学青年，最后成为让资本"飞"上蓝天的企业家。他敢为天下先，凭借着雄心和胆识开创了"均瑶时代"，谱写了一个草根企业家的神话。这一切都要从十几年前的事说起。

那时，王均瑶刚刚外出打工，还只是一个在湖南长沙讨生活的温州小伙子。1989年春节前夕，王均瑶和一帮老乡包了一辆大巴车回家过年。在崎岖山路上，他抱怨说："汽车真慢。"身旁的老乡就说："飞机快，你包飞机回家好了。"随口一句挖苦的话，竟激起了王均瑶的雄心。年轻气盛的均瑶想：土地可以承包，汽车可以承包，为什么飞机就不能承包？

在雄心的促使下，经过大半年的奔波，他终于承包下长沙至温州的航线。1991年7月28日，一架"安24"型民航客机从长沙起飞，平稳地降落于温州机场，王均瑶首开中国民航史私人包机的先河，成为中国私人包机第一人。

后来，王均瑶将"包飞机"的雄心用在了牛奶事业上，他判断：中国是目前世界上唯一一个白酒年消费量超过牛奶的国家，年人均喝奶不足7千克。富起来的中国会有越来越多的人爱喝奶。1994年，均瑶乳品公司成立。1998年，他再展现大手笔，在家乡温州以平均每辆70万元拍得了上百辆出租车的经营权。他的雄心是这样的：让每个到温州的人都见到"均瑶"。满地跑的是"均瑶"的品牌，就是一笔巨大的无形资产。

为了追求更高的理想，实现更大的抱负，王均瑶把公司总部搬到了上海。按说当时以王均瑶的财富，够他几辈子吃吃喝喝了。即使再温州发展，一年也能赚个一两千万，但他为什么要将总部迁移到上海呢？唯一的解释就是他想做得更大。

王均瑶说："当我到上海时，就像一粒沙子掉到了一堆石头里，太微不足道了。在温州闭眼都认路的我，上了高架桥总下不来。为什么到这里？上海太像美国的纽约，它的人才资源和信息资源取之不尽、用之不竭。"这是他进军上海的野心。

雄心，实际就是一种生活目标、一种人生理想。但要满足自己赚钱的野心往往需要打破自己现在的生活规律，打破眼前的樊笼，才能够实现。

不管你现在多么贫穷或多么笨拙，只要拥有积极进取的心态和更上一层楼的决心，迟早都能改善自己的状况、改变自己的世界。如果一个人渴望着在世界上立身扬名、成就一番事业，那没有什么东西可以成为他前进的障碍，他必然可以"跳出瓶口的束缚"。雄心能帮助人最终超越自我，取得非凡的成就。无论所处的环境有多么恶劣，无论前面有多少艰难险阻，只要你能学会用内心的力量来驱动自己，那就一定可以勇往直前、脱颖而出。

有了远大的志向、成名的雄心，也就意味着激发了成功的潜能，即成功的概率会大大增加。因为梦想对激发一个人内在的潜能大有帮助，所以千万不要被自己梦想所吓倒，只要你愿意为之努力，并能坚持到最后一刻，你的雄心一定会变成现实。

没有什么不可能，永不自我设限

所谓自我设限，是指外界没有限制，人却在自己内心设置了一层层的枷锁，使自己故步自封，不敢有任何逾越，从而阻碍了自己前进的步伐。

自我设限是大部分人无法取得伟大成就的根本原因。自我设限的人往往不是不顾一切去追求成功，而是不断地降低成功的标准，在心理上给自己一个安慰。这样的人往往因为害怕失败而甘愿忍受平庸的生活。

有人曾经做过这样一个试验：

他往一个玻璃杯里放进一只跳蚤，发现跳蚤立即轻易地跳了出来。再重复几遍，结果还是一样。根据测试，跳蚤跳的高度一般可达它身体的400倍左右。

接下来实验者再次把这只跳蚤放进杯子里，不过这次是立即在杯上加一个玻璃盖，"嘣"的一声，跳蚤重重地撞在玻璃盖上。跳蚤十分困惑，但是它不会停下来，因为跳蚤的生活方式就是"跳"。一次次被撞，跳蚤开始变得聪明起来了，它开始根据盖子的高度来调整自己跳的高度。再一阵子以后，发现这只跳蚤再也没有撞击到这个盖子，而是在盖子下面自由地跳动。

一天后，实验者开始把这个盖子轻轻拿掉了，它还是在原来的这个高度继续地跳。三天以后，他发现这只跳蚤还在那里跳。

一周以后发现，这只可怜的跳蚤还在这个玻璃杯里不停地跳着，已经无法跳出这个玻璃杯了。

为什么跳蚤无法跳出玻璃杯了？原因很简单，它给自己设置了一道不可逾越的高墙。它以为无论如何努力地跳，都不能跳出杯子，所以它放弃了它最大的优势，这就是自我设限。

人有些时候也是这样。很多人不敢去追求成功，不是追求不到成功，而是因为他们的心里面也默认了一个"高度"，这个高度常常暗示自己的潜意识：成功是不可能的，这是没有办法做到的。

第三章　自我激励，每个人都有巨大的潜能

多年以前，媒体一直长篇大论地推测4分钟内跑完1英里（约相当于1600米）的可能性，大部分意见都认为，4分钟内跑完1英里是超过人类的极限的。结果，运动员的心都被这个言论束缚住了，很长时间都没人在4分钟内跑完1英里。

后来，罗格·本尼斯特出现了，他的心却没有被束缚住，他坚信自己能够打破这个"咒语"。当他第一次在4分钟内跑出1英里后，全世界的运动员都开始向这个目标进攻。在本尼斯特突破障碍后不到6周，澳大利亚的约翰·兰狄也跑出了这个成绩。

到现在为止，已经有数不清的选手在4分钟内跑完1英里，其中包括年近40岁的老运动员。1973年6月，在美国举行的全美田径赛中，有8名运动员同时在4分钟内跑完1英里。4分钟的"咒语"被打破了，但这跟人类的体能没有关系，障碍一直都是心理上的，身体上从来没受到过限制。

做任何事情，只要你想去做，而且是认真地做，想尽一切办法去做，坚持地去做，没有什么事情做不到。不大可能的事也许今天实现，根本不可能的事也许明天会实现。

林语堂先生讲过一句话："为什么世界上95%的人都不成功，而只有5%的人成功？因为在95%人的脑海里，只有三个字'不可能'。"的确，大多数人常常被"不可能"三个字困扰，无时无刻不在侵蚀着他们的意志和理想。其实，这些"不可能"大多是人们的一种想象，只要能拿出勇气主动出击，那些"不可能"就会变成"可能"。如果你认为自己的愿望永远不可能实现，那它永远只能是你的愿望；如果你相信愿望终会变成现实，那这就没有什么不可能。不要在心里为自己设限，那将是你无法逾越

的障碍。

美国总统罗斯福说："没有你的同意，没有人让你觉得你低人一等。"只要敢想敢做，任何人都可以成为卓越人物。人生所能达到的高度，往往就是人在心理上为自己所设定的高度。如果你认为自己就是一个平平凡凡的人，那你的一生就注定要平平淡淡；如果你认为自己注定是一个出类拔萃的人，那么你必然能够取得非凡的成就。不要自我设限，你才能走出更广阔的天地，才能飞上更高的天空。

土耳其有句古老的谚语："每个人的心中都隐伏着一头雄狮。"人只要突破自我限制，让心中的雄狮醒来，每个人都可以成就卓越、创造奇迹。历史上，往往就是那些不断突破自我限制的人完成了不可能完成的任务，成就了自己的人生，也推动了历史的前进。所以，要想在自己的生命里有所突破，一定要先克服掉心理上的障碍，只有内心真的相信自己能够突破局限，才有勇气去挑战看似不可能的事，成就美丽的人生。

生活中不是"能不能"，而是"要不要"。你真正想要的是什么？放手去做，全力以赴。只要发挥你的潜能，你就能做到。所以，永远不要低估自己的能量，不要告诉自己不能做什么，不会做什么，不要自己限制了自己的发展。

信念是支撑生命的力量

人是为什么而活，又是什么在支撑着人们努力奋发？其实，这不过就是两个字——信念。

信念指的是人们对基本需要与愿望强烈的、坚定不移的思想情感意识，信念影响着人们在行为中对相应目标事物所具有的评价和行为倾向。信念驱动着每个人的精神与身体，信念是一种创造性的、永恒且无限的力量。

信念是一种心理动能，是意志行为的基础。泰戈尔曾经说过："信念，这强烈的精神搜索之光，照亮了道路，虽然凶险的环境在阴影中潜行。信念是鸟，它在黎明仍然黑暗之际，感觉到了光明，唱出了歌。"信念能给人带来富足的人生，只要能清醒地意识到自己的精神状态与理想追求，那么你的生活处境将会为思想、注意力和精神状态激活、更新。有了信念，人们的精神就有了寄托，行动也有了意义，这样的生命体也会燃烧出勇气和希望。

在灾难来临的前一天，前一个小时、前一分钟，多少人安然地在街头散步，或者悠闲地谈笑风生，或者老老少少怡然地享受天伦，可是，因为灾难，一切常规被打破了，即便没有亲身经历灾难的人也能够想象灾难中的人的惊慌失措和心惊肉跳，那是对于灾难的正常反应。

有三个农民，在2016年甘肃张掖地震来临时，正在羊圈旁的窑洞里守卫着羊群。当地动山摇的那一刻，离门口最近的那个农民最先向外面逃窜，然后是第二个，然后是第三个。但是，当第二个农民被轰然的土压倒时，第三个农民也没能跑出去，而是连同厚厚的土同时压在了第二个农民的身上。

最后的那个农民是幸运的，靠稀薄的仅有的一点空气，他得到了短暂的生命。但是，那点空气显然不够他维持，他在死亡的边缘挣扎。这时，有一种坚强的信念一直支撑着他，那就是他以为第一个农民一定成功地逃生了，并且会很快喊来救援人员。

他奋力地挣扎，奋力地用手刨着土，以尽可能获得生还的机会。就这样，一直过了十几个钟头。在他已经奄奄一息时，听到了救援的脚步和嘈杂的声音，这时的他已经没有喊叫的力气了。

他终于被人们用手挖了出来。他被挖出来的那一刻，便彻底失去了知觉。但他终于成功地活了下来。

医生说，在那样稀薄的空气中，能够存活半个小时就已经是奇迹了。

人们问起他时，他说，他真的以为第一个农民已经逃生了，他相信逃生的农民一定会来救他。而实际上，第一个和第二个农民都没有跑出去就死了。

如果不是那个信念，这位活下来的农民一定不会坚持那么久；如果他放弃了希望，他可能早就被死亡的魔鬼拉走了。信念是什么？很多时候，信念就是支撑生命的力量。

信念的力量是无穷的。在人的生命中，因为有了信念的存在，才支撑着人们克服一个又一个的困难，不畏艰难险阻，矢志不渝地走下去。信念犹如一支强心剂，使得人们在逆境中也能够鼓起勇气去勇敢面对。要知道，人一旦失去了信念，就会迷失方向，就会折损勇气，一颗勇于追求的心由此可能永沉海底。

随着《哈利·波特》风靡全球，它的作者和编剧罗琳成了很富有的女人，她所拥有的财富数目是惊人的，甚至连一些富翁都望尘莫及。然而，她曾经也有过一段穷困落魄的历史，她之所以取得巨大成功恰恰在于她坚持自己的信念。

罗琳从小就热爱文学，非常喜欢写作和讲故事，而且一直都在坚持，从来没有放弃过。读大学的时候，她主修的是法语。等到毕业后，她决定一个人前往葡萄牙发展。随后的一段时间里，她与当地的一位记者坠入情网，并迅速结婚。

不幸的是，这段婚姻并没有持续多久就破裂了。婚后，丈夫的本来面目暴露无遗，他总是殴打她，并不顾她的哀求将她赶出家门。

没过多长时间，罗琳便带着女儿杰西卡回到了英国，开始了单亲妈妈抚养孩子的生活，母女俩栖身于爱丁堡一间没有暖气的小公寓里。

丈夫的狠心离去，工作的不稳定，再加上居无定所，使罗琳变得身无分文。面对着嗷嗷待哺的女儿，罗琳的状况非常糟糕，生活的贫困常常使她吃了上顿没下顿。后来，她不得不靠领取救济金生活。

但是，家庭和事业的失败并没有打消罗琳写作的积极性，她曾经在接受采访的时候说："或许是为了完成多年的梦想，或许是为了排遣心中的不快，也或许是为了每晚能把自己编的故事讲给女儿听。"她靠着信念坚持写作，不分白天黑夜，夜以继日。有时为了省钱省电，她甚至待在咖啡馆里写上一天。

就这样，在女儿的哭叫声中，她那本震撼全球的书诞生了，并创造了出版界的奇迹。她的作品被翻译成几十种语言在一百多个国家和地区发行，引起了无数狂热粉丝的追捧。

罗琳从来没有远离过自己的信念，她用自己的智慧与执着赢得了巨大的财富。即使在她最困难的时候，也一直坚持自己的梦想，直到达到事业的顶峰。

信念，是蕴藏在人们心中一团永远都不会熄灭的火焰。信念的力量，在于即使你身处泥浆或沼泽，也能扬起前进的风帆。信念的伟大，在于即使你遭到了不幸，也能鼓起生活的勇气。

一个没有信念或不坚持信念的人，只能碌碌无为地过完一生；而一个坚持自己信念并矢志不渝走下去的人，永远也不会被困难击倒。因为信念的力量是巨大的，也是惊人的，它可以改变目前恶劣的状况，形成令人难以置信的圆满结局。

生活中，每个人总会遇到失败。然而在这个时候，咬紧牙关，告诉自己："我还有一样最宝贵的东西，那就是不肯放弃的信念。"只要紧紧地握住它，相信一定会在艰难中平添一股勇气、一股无所畏惧的力量，最终突破困境，到达成功的彼岸。

信念是一种认识，一种对事物的认知、认同；信念是一种情感，一种藏于人内心的炽热感情；信念是一种意志，一种坚强的、坚决的始终不渝。坚持自己的信念，用坚强的意志、不懈的努力铸就自己的辉煌，实现人生的价值。

树立目标，用正确的目标指引行动的方向

一艘没有航行目标的船，任何方向的风都是逆风，一个没有目标的人，永远也找不到人生的方向。

对于每个人来说，目标都是很重要的。目标小而言之就是任务，大而言之就是梦想。一个人倘若没有目标，那这个人必定是碌碌无为。目标不仅是奋斗的方向，更是一种对自己的鞭策。有了目标，才会有热情、积极性、使命感和成就感，才能最大限度地发挥自己的优势，调动沉睡在心中的那些优异、独特的品质，造就自己璀璨的人生。

无论你从事哪项工作，在心中都要先有一个明确的目标。有了目标，有了指引前进方向的"指南针"，做起事来就会变得有目的、有追求，一切似乎清晰、明朗地摆在你的面前。什么是应该去做的，什么是不应该去做的，为什么而做，为谁而做，所有的问题都是那么明显而清晰。

有这样一位保险推销员，一直都希望能跻身于最高业绩的行列中。但是一开始这只不过是他的一个愿望，从没真正去争取过。直到3年后的一天，他想起了一句话："如果让目标和愿望更加明确，就会有实现的一天。"

于是，他就开始设定自己希望的总业绩，然后再逐渐增加，这里提高5%，那里提高10%，结果顾客增加了20%，甚至更高。这激发了这位保

险推销员的工作热情。从此，他不论什么状况，任何交易都会设立一个明确的数字作为目标，并在一两个月内完成。

"我觉得，目标越是明确越感到自己对达成目标有股强烈的自信与决心。"他说。他的计划里包括"我想得到的地位、我想得到的收入、我想具有的能力"，然后，他把所有的访问都准备得充分完善，相关的业界知识加之多方面的努力积累，终于在第一年的年终使自己的业绩打破了空前的纪录，以后的年头效果更佳。

最后，这位保险推销员得出了一个结论："以前，我不是不曾考虑过要扩展业绩或提升自己的工作能力。但是因为我从来只是想想而已，不曾付诸行动，当然所有的愿望都落空了。自从我明确设立了目标，以及为了切实实现目标而设定具体的数字和期限后，我才真正感觉到，强大的推动力正在鞭策我去达成它。"

在成功的道路上，有明确的目标，就能够避免不必要的精力的浪费，从而实现成功的理想。当你给自己定下目标之后，目标就会在两个方面起作用：它是你努力的动力，也是对你的鞭策。目标给了你一个看得着的射击靶。随着你努力实现这些目标，自己就会有一种成就感。

高尔基说过："一个人追求的目标越高，他的才力就发展得越快，对社会就越有益。"对每个人来说，明确的目标就犹如成长过程中的灯塔，照亮你前进的方向，指引你不断前进。

爱因斯坦的一生所取得的成功是世界公认的，他被誉为20世纪最伟大的科学家。他之所以能够取得如此令人瞩目的成绩，和他一生具有明确的奋斗目标是分不开的。

爱因斯坦出生在德国一个贫苦的犹太家庭，家庭经济条件不好，加上自己小学、中学的学习成绩平平，虽然有志往科学领域进军，但有自知之明，知道必须量力而行。他进行自我分析：自己虽然总的成绩平平，但对物理和数学有兴趣，成绩较好。自己只有在物理和数学方面确立目标才能有出路，其他方面是不及别人的。因而他读大学时选读瑞士苏黎世联邦理工学院物理学专业。

由于奋斗目标选得准确，爱因斯坦的个人潜能就得以充分发挥，他在26岁时就发表了科研论文《分子尺度的新测定》。以后几年，他又相继发表了几篇重要科学论文，发展了普朗克的量子概念，提出了光量子除了有波的性状外，还具有粒子的特性，圆满地解释了光电效应，宣告狭义相对论的建立和人类对宇宙认识的重大变革，取得了前人未有的显著成就。可见，爱因斯坦确立目标的重要性。假如他当年把自己的目标确立在文学或音乐上（他曾是音乐爱好者），恐怕就难以取得像在物理学上那么辉煌的成就。

为了避免耗费人生有限的时光。爱因斯坦善于根据目标的需要进行学习，使有限的精力得到了充分的利用。他创造了高效率的定向选学法，即在学习中找出能把自己的知识引导到深处的东西，抛弃使自己头脑负担过重和会把自己诱离要点的一切东西，从而使他集中力量和智慧攻克选定的目标。他曾说过："我看到数学分成许多专门领域，每个领域都能费去我们短暂的一生。诚然，物理学也分成了各个领域，其中每次个领域都能吞噬一个人短暂的一生。在这个领域里，我不久学会了识别出那种能导致深化知识的东西，而把其他许多东西撇开不管，把许多充塞脑袋并使其偏离主要目标的东西撇开不管。"他就是这样指导自己的学习的。

为了阐明相对论，他专门选学了非欧几何知识，这样定向选学法使他的立论工作得以顺利进行和正确完成。

如果他没有意向创立相对论，是不会在那个时候学习非欧几何的。如果那时候他无目的地涉猎各门数学知识，相对论也未必能这么快就产生。爱因斯坦正是在多年时间内专心致志地攻读与自己的目标相关的书和研究相关的目标，终于在光电效应理论、布朗运动和狭义相对论三个不同领域取得了重大突破。

特别值得一提的是，爱国斯坦不但有可贵的自知之明，而且对已确立的目标矢志不移。1952年，以色列国鉴于爱因斯坦科学成就卓越、声望颇高，又是犹太人，当该国第一任总统魏兹曼逝世后，邀请他接受总统职务，他却婉言谢绝了，并坦然承认自己不适合担任这一职务。确实，爱因斯坦是一位伟大的科学家，这是他终生努力奋斗才实现的目标。如果他当上总统，那未必会有多大建树，因为他未显示过这方面的才华，又未曾为此目标作过努力学习和奋斗。

目标，是一个人未来生活的蓝图，同时也是人精神生活的支柱。哲学家爱默生曾说过："当一个人知道他的目标去向，这个世界是会为他开路的。"的确，给自己一个梦想、一个目标，把它们深藏于心，每天不断地提醒自己目标一定会实现的，并且为了这个目标写一个详细而周全的计划，不时地检验计划的执行情况，你就一定能够如愿以偿。

第四章 情绪识别，瞬间读懂人心

察言观色，摸清对方的意图

俗话说："出门看天色，进门看脸色。"所谓察言观色，意思是说一个人要经常观察他人的言语脸色，揣摩他人的意图，才能有的放矢。

察言观色是一切人情往来中操纵自如的情商技巧，也是了解他人的窗口。如果你的观察能力强，能够很好地察言观色，在社会交际中可以知己知彼，减少不必要的摩擦和误解。

有位心理学家曾讲过："在世界的知识中，最需要学习的就是如何洞察他人。"在与人交谈中，既要察言，又要观色，把它们结合起来，这对提高你的控场能力十分重要。如果每个人都能察言观色，及时地改变先前的决定，及时地退或进，及时地把自己的言行组合或分解，及时地控制自己的喜怒哀乐，那么，与他人的关系一定会更加和谐。

西汉初年，汉高祖刘邦打败项羽，平定天下之后，开始论功行赏。这可是事关后代子孙的万年基业，群臣们自然当仁不让，彼此争功，吵了一年多还吵不完。

汉高祖刘邦认为萧何功劳最大，就封萧何为侯，封地也最多。但群臣心中不服，私底下议论纷纷。

封爵受禄的事情好不容易尘埃落定，众臣对席位的高低先后又群起争议。许多人都说："平阳侯曹参身受七十次伤，而且率兵攻城略地，屡战屡胜，功劳最大，他应排第一。"刘邦在封赏时已经偏袒萧何，委屈了一些功臣，所以在席位上难以再坚持己见，但在心中还是想将萧何排在首位。

这时候，关内侯鄂君已揣测出刘邦的心意，于是就顺水推舟，自告奋勇地上前说道："大家的评议都错了。曹参虽然有战功，但都只是一时之功。皇上与楚霸王对抗五年，时常丢掉部队，四处逃避，萧何却常常从关中派员填补战线上的漏洞。楚、汉在荥阳对抗好几年，军中缺粮，也都是萧何辗转运送粮食到关中，粮饷才不至于匮乏。再说，皇上有好几次避走山东，都是靠萧何保全关中，才能顺利接济皇上的，这些才是万世之功。如今即使少了一百个曹参，对汉朝有什么影响？我们汉朝也不必靠他来保全啊。你们又凭什么认为一时之功高过万世之功呢？所以，我主张萧何第一，曹参居次。"

这番话正中刘邦的下怀，刘邦听了，自然高兴无比，连连称好，于是下令萧何排在首位，可以带剑上殿，上朝时也不必急行。

而鄂君因此也被加封为"安平侯"，得到的封地多了将近一倍。

其实，每个人在与别人进行交流的时候，他的表情、动作都会向对方传达很多的信息，所以，你一定要学会如何察言观色，怎样看别人的脸色行事。察言观色是人际交往中不可不必备的技能。

"脸上表情，天上的云彩。"聪明的人具有察言观色的本领，能够根据对方的言行举止、喜怒哀乐等来分析自己的言行是否合理。这样的人往往比一般人具有更强的适应性，至少他们不会在对方高兴时泼一盆冷水，弄得大家不欢而散；更不会在对方愤怒时出言不逊，惹祸上身。

一个人的心理活动虽然隐秘，但不可能永远潜藏着，总会以这样那样的方式显露出来。所以，只要善于揣摩对方的心思，感受对方的心情，具有较高的控场能力，就能以积极、主动的方式和对方交往，营造和谐的人际关系。

在人际交往中，许多人都希望得到他人的认可和赞美。所以当你有求于人时，如果能够学会察言观色、根据对方的性格特征，说一些请他帮忙的话，即使再难办的事情，他也会助你一臂之力。而不懂得察言观色、攻心为上的人，显得就无法达到自己的目的。所以，在说话之前，一定要看清对方的脸色，再决定自己到底要说什么话。

听懂他人的弦外之音

"弦外之音"也就是人们俗话说的"话里有话"，已频繁地出现日常生活的各种场合。例如，同事看似在鼓励你，其实否定了你的行为；朋友答应马上帮你做的事，其实却是在推辞；有些人好像什么都没说，但明白人却一切都清楚了……所以，为了弄清对方说话的真正意图，在沟通的过程中，一定要学会听出弦外之音。

杨凯大学毕业后加入一家广告公司。其间，他参与了一个广告设计项目，创意总监要求小组的每个成员提交一份设计方案。看过杨凯的方案后，总监沉默了一会儿，评价道："这个嘛，还挺有意思的。"上司的这句话让杨凯以为总监很看好他的方案，于是信心大增，加班加点地完善这份方案，还不时地找总监讨论。可没想到一周后的会议上，杨凯发现总监最后采纳的并不是自己的设计方案，而且此后似乎有些冷落他。

困惑不已的杨凯只得询问同事，在同事点拨下才意识到，总监说那句话并不表示对他的方案的认同。事实上，总监是不看好这个方案的，之所以用"还挺有意思"打发过去，只是顺便对杨凯作一下鼓励。

原来上司的弦外之音是否定的意思，杨凯感叹："以前在学校里，大家都是有什么说什么，但踏上工作岗位后就不一样了，必须得察言观色，听懂弦外之音。"

纪伯伦曾经说过："如果你想了解一个人，不是去听他说出的话，而要去听他没有说出的话。"一般说来，一个人不会轻易把自己真实的意见、想法直接地表达出来，但他的感情或意见会在他的语言表达里体现得清清楚楚。如果你想要听懂他人的"弦外之音"且正确解读对方真正的想法，平时就要多训练自己的观察力和解读能力，不能太单纯太容易相信人家所说的话；如此，才能设定正确的说话策略，攻入对方的心。

某公司老板认为针对现有职位，只要有优秀的人才，就可以将原有岗位的人替换掉，以促进公司的快速发展。但是，公司人力资源部经理没有正确理解老板的意思，在诸多媒体上发布了除老板、人力资源部经理等之外的所有重要岗位的招聘启事。

结果，这不仅引起了公司管理层的动荡，而且还引起了许多外界猜测："××公司怎么了？××出现震荡了吗？为什么这么混乱？"更严重的是，公司客户知道该公司这样没有战略规划地大规模招人，以为这个公司出现危机，管理层集体跳槽了，并且进一步怀疑与这个公司的合作是否应该继续下去。

幸好，公司老板及时发现了这个问题，并迅速予以纠正。可以说，这种招聘信息发布的时间越长，传播的范围越广，对企业的伤害就越大。因为一个健康发展的公司不可能出现上述现象，而且一个合格的人力资源部经理也绝对不会做出这种有伤企业的事情。

俗话说："听锣听声，听话听音。"任何信息，既有表层的直接意思，又有内在的深层含义。这就要求一个人学会边听边分析，准确领会对方的意图，既要敏感地体察信息的含义，又要防止过敏的主观臆测，以免误解而产生感情障碍。

在人与人之间的沟通中，出于种种原因，有时候，对方的某些意思是通过委婉含蓄，或闪烁其词的话语表达出来的。对于潜藏其中未明白说出的话，倾听者必须留意对方说话的语气、声调、用词、神态和谈话的背景，并通过这些仔细地去体会对方的言外之意，才能真正理解对方说话的意图和隐涵，从而作出正确的判断和回应，以加强双方交流沟通的效果。这需要一定的智慧。如若不然，听不懂别人话里隐藏的含义，就很容易形成误解。

眼神交流，看眼识人

人们常说，眼睛是心灵的窗口，透过一个人的眼睛可以看出此刻他在想什么。很多人在怀疑对方说谎话时，常对他说："看着我的眼睛。"此时若对方没说假话，就会迎着挑衅者的目光看过去；反之，不是目光躲闪，就是眼观别处，不予回答。因为一个人的眼睛不能掩盖心里的邪恶念头，心胸纯正，眼神就清澈、明亮；心胸不正，眼睛就会昏暗、有邪光。可见，从一个人的眼睛，可以清清楚楚地分辨出一个人的品质高下、心术正邪。

孟子曾经指出，观察一个人的善恶，再没有比观察他的眼睛更好的了。因为眼睛不能掩盖一个人的丑恶。心正，眼睛则明亮；不正，则昏暗。听一个人说话时，注意观察他的眼睛，这个人的善恶能往哪里隐藏呢？所以说，眼睛是会说话的，一个人的内心活动经常会反映到他的眼睛里，心之所想，透过眼睛就能看出其中的大概，这是每个人都很难隐瞒的事实。

晚清名臣曾国藩是个看人的高手。一次，李鸿章向曾国藩推荐三个人，恰好曾国藩散步去了，李鸿章示意三人在厅外等候。曾国藩散步回来，李鸿章说明来意，并请曾国藩考察那三个人。

曾国藩讲："不必了，面向厅门、站在左边的那位是个忠厚人，办事小心，让人放心，可派他做后勤供应之类的工作；中间那位是个阳奉阴违、两面三刀的人，不值得信任，只宜分派一些无足轻重的工作，担不得大任；右边那位是个将才，可独当一面，将来作为不小，应予重用。"

李鸿章很吃惊，问曾国藩是何时考察出来的。曾国藩笑着说："刚才散步回来，见到那三个人。走过他们身边时，左边那个低头不敢仰视，可见是位老实、小心谨慎之人，因此适合做后勤工作一类的事情。中间那位，表面上恭恭敬敬，可等我走过之后就左顾右盼，可见是个阳奉阴违的人，因此不可重用。右边那位，始终挺拔而立，如一根栋梁，双目正视前方，不卑不亢，是一位大将之才。"曾国藩所指的那位"大将之才"便是淮军勇将、后来担任台湾首任巡抚的刘铭传。

以貌取人，不智；观其眼神以观其人，却往往准确。在与人交往时，可由对方的眼神中看出对方的真实性及其内心的真正意念，即使说得冠冕堂皇，若眼神闪烁不定，露出邪恶目光，也难以让人相信。一个人可以用口中的言辞欺瞒别人，但眼睛显出的言辞，绝对瞒不了别人。

观察一个人的眼神，是辨别他忠奸的一个途径。眼神正，其人大致正直；眼神邪，其人大致奸邪。平常所说的"人逢喜事精神爽"是不分品质好坏而人所共有的精神状态。

三国时期，曹操派刺客去杀刘备。刺客见到刘备之后，并没有立即下手，并且与刘备讨论削弱魏国的策略，他的分析极合刘备的意思。

不久之后，诸葛亮进来，刺客很心虚，便托词上厕所。

刘备对诸葛亮说："刚才得到一位奇士，可以帮助我们攻打曹操。"

诸葛亮却慢慢地说："此人见我一到，神情畏惧，视线低而时时露忤逆之意，奸邪之形完全泄露出来，他一定是个刺客。"

于是，刘备连忙派人追出去，而刺客已经跳墙逃去了。

性为内，情为外，最能体现情的地方，不是动作，不是语言，而是眼睛。动作与言语都可以掩饰，而眼睛是无法假装的。正如《简·爱》中写道："灵魂在眼睛中有一个解释者——时常是无意的，但却是忠实的解释者。"

在瞬息之间，透过眼神的变化看出一个人的目的和动机，固然需要先天的智慧，但更多的是靠后天的努力，因为这种智慧是在环境中磨炼和培养出来的。以下提供几点参考意见。

（1）眼神闪烁不定的人，常心怀鬼胎，总想自己占便宜，无论对谁都表现得虚伪不忠诚，是人品极差之人。

（2）眼神阴沉，是凶狠的信号。你与他交涉，必须得小心一点。

（3）眼睛闪闪发光，表明对方精神焕发，是个有精力的人，对会谈很感兴趣。

（4）眼神清亮，如水一般清澈明澄，表示此人清纯、清朗、端庄、豁达、开明。

（5）眼神浊，如污水一样浊重昏暗，是昏沉、糊涂、驳杂不纯的状态，表示此人粗鲁、愚笨、庸俗、猥琐、鄙陋。

（6）眼神下垂，连头都向下倾了。说明他心有重忧，万分苦恼。你不要向他说得意事，那反而会加重他的苦痛；也不要向他说苦痛事，因为同病相怜越发难忍。你最好说些安慰的话，并且从速告退，多说也是无趣的。

从小动作洞察对方的内心

在与人的交往中，不难看到对方言行中的小动作。其实，这种小动作与个人性格是有密切联系的。心理学家莱恩德曾说过："人们日常的各种习惯行为实际反映了客观情况与他们的性格间的一种特殊的对应变化关系。"

在日常生活中，人们自然而然地会产生并形成一些具有某种特定意义的小动作。因为这是不自觉地形成的，具有很强的稳定性，所以很难在轻易之中一下子就改正过来。改正不过来，就随身携带，这就为大家通过这些小动作去观察、了解和认识一个人提供了一些方便。

1. 拖着鞋走路

这些人多数都是意志消沉、不大懂得争取改善困境的人。遇到困难时，他们只会采取拖延政策，希望避得一时算一时。

2. 手插裤兜者

双脚自然站立，双手插在裤兜里，时不时取出来又插进去，这种人的性格比较谨小慎微，凡事三思而后行。在工作中，他们最缺乏灵活性，往往用呆办法来解决很多问题。他们对突如其来的失败或打击心理承受能力差，在逆境中更多的是垂头丧气，怨天尤人。

3. 双手后背者

两脚并拢或自然站立，双手背在背后，这种人大多在感情上比较急躁，但他与人交往时，关系处得比较融洽，其中可能较大的原因是他们很少对别人说"不"。当过兵的人对双手后背这种习惯动作很熟悉。尽管部队规定在正式场合不许袖手和背手，但还是可以看到在非正式场合，一群新兵聊天的时候，突然老兵班长来了，背握着手，昂起下巴，在新兵中走来走去。把老班长这种动作换成语言来表示，就等于他在说："我是老兵，我是班长，你们得听我的。"这是相当自信的姿势。

4. 经常摇头者

经常摇头或点头以示自己对某件事情看法的肯定或否定。他们在社交场合很会表现自己，却时常遭到别人的厌恶，引起别人的不愉快。但是，经常摇头或点头的人，自我意识强烈，工作积极，看准了一件事情就会努力去做，不达目的誓不罢休。

5. 抓头发者

喜欢抓头发的人往往是健忘、易受情绪支配的，当情绪不稳定时，便不期然作出这个动作，希望在惶恐时抓着一丝希望。

6. 拍打头部者

拍打头部这个动作多数时候的意义是表示对整件事情突然有了新的认识，如果说刚才还陷入困境，现在则走出了迷雾，找到了处理事情的办法。拍打的部位如果是后脑勺，表明这种人敬业，拍打脑部只是为了放松一下自己。时常拍打前额的人是个直肠子，有什么说什么，不怕得罪人。

7. 解开外衣纽扣者

这种人的内心真诚友善。他在陌生人面前表达思想时，最直接的动作便是解开外衣的纽扣，甚至脱掉外衣。在一个商业谈判会议上，当谈判对手开始脱掉外套时，领导便可以知道双方正在谈论的某种协定有达成的可能；不管气温多么高，当一个商人觉得问题尚未解决或尚未达成协议时，他是不会脱掉外套的。那些一会儿解开纽扣一会儿又系上纽扣的人，比较优柔寡断，意志不坚定，犹豫不决。

8. 拍打掌心者

与人谈话时，只要他动嘴，一定会有一个手部动作，比如相互拍打掌心、摊开双手、摆动手指等，表示对他说话内容的强调。这种人做事果断、雷厉风行、自信心强，习惯于把自己在任何场合都塑造成领袖人物，性格大多属于外向型，很有一种男子汉的气概。

9. 说话时指手画脚者

这样的人对探听他人秘密的兴趣特别浓厚，自己知道了的事情，便急不可待地传播出去，有语不惊人誓不休的性格。

10. 言行不一者

当你给这种人递食物时，他嘴里说"不用""不要"，手却伸过来接了，显得很客气的样子。这种人比较聪明，爱好广泛，处事圆滑、老练，不轻易得罪别人。

11. 抖动腿脚者

他们喜欢用腿或脚尖使整个腿部颤动，有时候还用脚尖磕打脚尖或者以脚掌拍打地面。这种人很能自我欣赏，性格较保守，很少考虑别人。然而当朋友有困难时，他会经常给朋友提出一些意想不到的好的建议。

12. 手摸颈后者

当一个人习惯用手摸颈后时，是出现了恼恨或懊悔等负面情绪。这个姿势称为"防卫式的攻击姿态"，在遇到危险时，人们常常不由自主地用手护住脑后。在防卫式的攻击姿势中，他们的防卫是伪装，结果手没有放到脑后，而是放到了颈后。女人伸手向后，撩起头发，来掩饰自己恼恨的情绪，并装作毫不在意的样子。

13. 咬或舔下唇者

他们感到压力自四面八方袭来却摆脱不掉时，便会希望借着这个动作舒缓一下绷紧的神经线。在整理一些毫无头绪的事情时，也会舔着下唇来想对策。

坐立行，每种姿势都在传递信息

俗话说："一样的米养百样的人。"在日常生活中，人们的坐立行的姿势千姿百态、不一而足。但是你知道吗？虽然每一种姿势看似无意，可里面却隐藏着人的性格特征。一些善于观察和熟知心理学的人可以从其坐立行，探出一个人心理活动的规律。

1. 坐姿

（1）自信型的坐姿。这种人通常将左腿交叠在右腿上，双手交叉放在腿根两侧。他们有较强的自信心，对于自己的见解深信不疑。如果他们与别人发生争论，可能他们并没有在意与别人争论的观点与内容。

（2）温顺型的坐姿。这种人坐着时喜欢将两腿和两脚跟紧紧地并拢，两手放于两膝盖上，端端正正。这种人一般性格内向，为人谦逊。他们惯于封闭自己的情感世界，哪怕与自己特别倾慕的爱人在一起，他们也不会说出甜言蜜语，更看不到一丝亲热的举动；对于感情奔放的人来说，实在是欲拒难舍，欲舍难离。

（3）古板型的坐姿。这种人坐着时两腿及两脚跟并拢靠在一起，双手交叉放于大腿两侧。他们为人古板而自傲，从不愿接受别人的意见，即使明知别人说的是对的，但仍然不肯低下自己的脑袋。

（4）羞怯型的坐姿。这种人坐着时把两膝盖并在一起，小腿随着脚跟分开成一个"八"字样，两手掌相对放于两膝盖中间。他们特别害羞，多说一两句话就会脸红，最害怕的就是让他们出入社交场合。这种人属于保守型人群的代表，思想通常比较落伍，跟不上时代的步伐。

（5）坚毅型的坐姿。这类人喜欢将大腿分开，两脚跟并拢，两手习惯于放在肚脐部位。这种人很有男子汉气概，有勇气，也有决断力。他们一旦考虑了某件事情，就会立即付诸行动。他们敢于不断追求新生事物，也敢于承担社会责任。这类人当领导的权威来源于他们的气魄，其实很多人并不真心地尊重他们，只是受他们那种无形的力量威慑而已。

（6）放荡型的坐姿。这种人坐着时常常将两腿分开距离较宽，两手没有固定搁放处，这是一种开放的姿势。这种人喜欢追求新奇，偶尔会成为引导都市消费潮流的先驱。他们对于普通人做的事不会满足，总是想做一些其他人不能做的事，或许不如说他们喜欢标新立异更为确切。

（7）冷漠型的坐姿。这种人通常将右腿交叠在左腿上，两小腿靠拢，双手交叉放在腿上。他们看起来觉得非常和蔼可亲，似如菩萨，很容易让人接近。但事实恰恰相反，别人找他谈话或办事，一副爱答不理的举动让你不由得不反思自己是否花了眼。你没有花眼，你的感觉很正确，他们不仅个性冷漠，而且性格中有一种"狐狸作风"。对亲人和朋友，他们总要向人炫耀他那自以为是的各种心计，以至周围的人不得不把他们打入心理不健全的一类人。

（8）悠闲型的坐姿。这种人半躺而坐，双手抱于脑后，一看就是一副怡然自得的样子。这种人性格随和，与任何人都相处得来，也善于控制自己的情绪，因此能得到大家的信赖。他们的适应能力很强，对生活也充满朝气，干任何职业好像都能得心应手，加之毅力也都不弱，往往都能达到某种程度的成功。这种人喜欢学习但不求甚解，可能要求的仅是"学习"而已。

2. 站姿

（1）双脚自然站立，左脚在前，左手习惯于放在裤兜里。这种人的人际关系多较为融洽，从来不给别人出什么难题，为人敦厚笃实。

（2）双脚交叉站立。这是一种习惯（防卫）动作，多见于女性。若在听人谈话时采取双踝交叉的站姿，表明一种基本上排斥和审视的态度。

（3）站立时脊背挺直，胸部挺起，双目平视。这是具有充分自信的表现，并可给人以气宇轩昂、乐观向上的印象，此种站姿属开放型。

（4）站立时弯腰曲背或略现佝偻状。这属于封闭型站姿，表现出自我防卫、封闭、消沉的倾向。与对方相比较，精神上处于劣势，显得紧张不安或自我抑制。

（5）双手交叉抱于胸前，两脚平行站立。这种人多叛逆性很强，时常忽视对方的存在，具有强烈的挑战和攻击意识。他们不会因传统的束缚而绑住手脚，所以创造能力也就比其他类型的人发挥得更淋漓尽致，并不是因为他们比其他人聪明，而是他们比其他人更敢于发挥自己。

（6）两脚并拢或自然站立，双手背在身后。这种人做事多眼高手低，急躁冒进，但缺乏毅力，虎头蛇尾。他们与别人相处一般都比较融洽，很大的原因是他们很少对别人说"不"。他们在工作中不会有什么开拓和创新，但踏实到毫无反对意见的地步，在很多人手下也会很有用场。

（7）两脚交叉并拢，一手托着下巴，另一只手托着这只手臂的肘关节。这种人多数是工作狂，他们对自己的事业颇有自信，意志坚强，工作起来非常专心。他们常常会为了工作废寝忘食。这种人更为引人注目的是他们多愁善感，你从他们丰富的面部表情就可以看出，他们是那么容易喜怒无常，甚至在他们的言行中也表露无遗。

（8）双脚自然站立，偶尔抖动一下双腿，双手十指相扣在腹前，大拇指相互来回搓动。这种人多表现欲望强，喜欢在公共场合大出风头。他们大都争强好胜，容不下别人。这种人通常比较聪明，但是很喜欢钻牛角尖。

（9）两手叉腰站立。这种站姿也是具有自信心和精神上占优势的表现，因为两手叉腰属开放型动作，如果对面临的事物没有充分的心理准备是不会采用这个动作的。

（10）站立时，将双手插在裤兜里，时不时取出来又插进去。这种人具有不表露心思，暗中策划、盘算的倾向；若是与弯腰曲背的姿势相配合，则是心情沮丧苦恼的反映。他们为人谨慎，凡事喜欢三思而后行。

3．走姿

（1）走路沉稳的人多务实。有的人走路从来都是不慌不忙的，哪怕碰到了最重要最紧急的事。这种人办事历来求稳，无论做什么事情都要"三思而后行"。这样的人比较讲究信义，比较务实，一般来说，工作效率很高，说到做到。

（2）走路前倾的人多谦虚。有的人走路总是习惯上体前倾，而不是昂头挺胸。这种人的性格比较内向和温和，为人比较谦虚，一般不会张扬，很注意严格要求自己，很有修养。

（3）走路低头的人多沮丧。有的人走路的时候总是拖着步子，把两只手插进衣袋里，头常常低着，只埋头拉车，不抬头看路，不知道自己最终要去哪里。这样的人往往是碰上了难以解决的问题，到了进退维谷的境地。很多快要走入绝境的人常常有这样的表现。

（4）走路两手叉腰的人多急躁。有的人走路两手叉腰，上体前倾，就像一个短跑运动员。他们可能是一个急性子，总希望在最短的时间之内跑完规定的路程。这种人有很强的爆发力，在要决定实施下一步计划的时候常常表现出这样的动作。在这段时间里，从表面上看，他们处于沉默的阶段，好像没有什么大的举动，其实，这叫"此时无声胜有声"。

（5）高抬下巴走路的人多傲慢。有的人走路的时候，下巴高高地抬起，手臂很夸张地来回摆动，腿就像高跷一样显得比较僵硬。他们的步子常常是那样的稳重而迟缓，好像刻意要在别人的心目中留下深刻的印象。这种人很傲慢，被人们称为"墨索里尼式"步态。如果不想与这样的人对抗，在他们的面前最好表现得谦虚一点。

（6）喜欢踱步的人多善于思考。就姿态而言，这是非常积极的姿态。但是旁人可能对踱步者讲话，因而可能使他思绪中断，并且干扰到他正想作的决定。多数成功的销售员了解：要让踱步的顾客单独思考是否决定购买自己所推销的商品，不要去打扰他，这点是很重要的。假如他想要问问题时，才让他停止踱步思考。

（7）漫步的人多外向。有的人走路总是不正规，就像玩儿似的，一点儿也不规范。这种人属于外向型的人，对周围的一切事情都感兴趣，他们对什么事情都不会很认真，可以接受各种各样的意见。人们称之为曲线型的人。

（8）端步的人多内向。有的人走路时头几乎不动，笔直地往前走去。这样的人关心自己超过关心别人，很少注意目的地之外的人和事。这样的人是内向型的人，主观意识很强，处理问题很少有弹性。他们被称为直线型的人。

（9）背着手走路的人多有优越感。有些人走路的时候昂首挺胸，双手背在身后，给人一种很有优越感的印象。有大量的现象表明，具有这种动作的人，往往是比较有地位和权势的人。政府要员、学校校长、公司董事长等，常常以这样的姿势出现在公共场所。研究认为，这是一种非常自信、比较狂妄的姿势。

言为心声，听对方说话可知其性情

　　言谈是一个人品性、才智的外露，通过言谈和辨声能够从人的欲望、抱负和经验分析上进一步了解一个人，从而达到了解对方的内心世界的目的。在人际交往中，你可以从对方内心焕发出来的声音中，分辨其修养和性格以及当时的心理。

　　常言道："言为心声。"一个人在说话的时候，多多少少总会反映出其内心的一些活动。分析判断人的言语，是洞察人的心理奥秘的有效方法。从一定的意义上说，言语是一种现象，人的欲望、需求与目的才是本质。现象是表现本质的，本质总要通过现象表现出来。言语作为人的欲望需求的表现，有的是直接明显的，有的是间接隐晦的，甚至是完全相反的。对于那些直接表达内心动向的语言来说，每个人都能理解。正常的、普通的人际交往，就是以这种语言为媒介进行的。那些含蓄隐晦甚至以完全相反的方式表现心理动向的言语，就不是每个人均能理解的，人与人的差别大多也就发生在这里。这是创造性思维的用武之地。若能够知一反三、触类旁通，反过来想想，倒过来看看，增加点参照物，减少些虚假的东西，等等，最后透过言谈话语，发现人的深层动机。那就说明，你比别人聪明得多。而这种知人的方法，也就是言语判断法。

　　另外，你也可以通过说话的语速来识别一个人的个性。有人曾说过："人的表情有二，一是呈现在脸上的表情，二是表现在言谈中的表情。"的确如此，语速可以很微妙地反映出一个人说话时的心理状况。留意他的语速变化，你就留意到了他的内心变化，交谈时的语速可直接反映说话人的心理状态。

　　在一次对外贸易出口大会上，小李代表公司与客商进行主要谈判。在第一轮谈判中，客商千方百计地采取各种招数来摸公司的底。每当客商感觉马上要打探到公司的关键信息的时候，客商说话的语速就会很快，掩饰不住内心的紧张和激动。而这一切都被小李看在眼里。小李可不是一般人，他是学过心理学的研究生，对于客商这些由语速变化而表现出的内心变化可以说是了如指掌。于是，正当客商罗列过时行情，故意压低购货的数量的时候，小李明智地选择了中止谈判，开始搜集相关的情报。

　　第二天早晨，谈判又开始了。客商一上来就慢悠悠地说道："我觉得吧，价格不能再高了，不然我们就找别的厂子了。"精明的小李一听客商说话的语速这么慢，而且还不着急，心想：坏了，肯定是客商知道了我们的报价。这个时候，小李只能给对方放烟幕弹了。虽然小李内心恐慌，但还是让自己镇定下来，对客商说："价格的问题我们待会儿可以商量，我们想让您先看看我方产品。我方的价格虽然比别的厂商要贵一些，但我方产品是有中国××保险公司给担保的，产品质量非常有保障。而且我方产品是进行跟踪服务的，出现了问题，公司会直接派专业人员上门进行维修，所需要的维修材料保证也是我方产品。"

　　客商听完这些话之后，用平缓的语气说道："嗯，请接着说。"小李一听，知道客商这时放松了警惕，已经被自己牵着鼻子走了，早就忘记他之前价格的事情了。小李趁热打铁继续说道："其实，这么算下来，您自己找人来维修，所花费的金钱、时间、精力足够让您得到比这个价格更大的利润。我想，您应该会作出明智的选择。"

在经过一些小的交涉之后，客商乖乖就范，接受了公司的价格，购买了大量该产品。

很多时候，一个人说话的语气、语速变化，往往会暴露出他的内心变化。如果能够很好地抓住一个人的心理活动，基本上可以说就真正地控制住了这个人。

生活中，有的人说话速度快，有的人说话速度慢；有的人说话语气缓和，有的人说话则坚决果断。其实，人的说话速度和语气之所以呈现出千差万别，其实都是受到他们性格的影响。

语速主要指说话的快慢，与心理活动联系密切。一般来说，当人比较懈怠或安逸时，语速较缓；当人情绪波动较大时，语速就会明显加快。人们的说话速度和语气透露出他们的真实性格，在交谈过程中，你可以通过观察对方的说话速度和语气，更好地了解对方的个性。

（1）说话语速缓慢的人。这类人通常会给人一种诚实、诚恳、深思熟虑的感觉，但也会显得犹豫不决、漫不经心，甚至是悲观消极。他们大都是性格沉稳之人，处事做人是通常所说的慢性子。

（2）说话语速稍快的人。这类人几乎都属于外向型的人。外向型的人说话声音流畅，声音的顿挫富于变化，且能说善道，只要一想到什么事情，就会不假思索、恰如其分地表达出来，有时还会把自己的身体挪近对方，说到关键之处，唾沫横飞，甚至会随意打断对方的话语，以便贯彻自己的主张。

（3）说话语速反常的人。这类人平时少言寡语、慢条斯理，突然之间夸夸其谈、口若悬河，说明他们在内心深处有不愿意被他人察知的秘密，想用快言快语作为掩饰，转移他人的注意力。或许他们还有让对方了解的愿望，仓促之间不知道该如何表达，所以在语速上出现了反常。

（4）由自信决定语速的人。自信的人多用肯定语气与别人进行对话；而没有自信心和怯懦的人，说话的节奏缓慢，多半慢慢吞吞，好像没有吃饭似的少气无力。喜欢低声说话的人，不是有女性化的倾向，就是缺乏自信。

（5）经常滔滔不绝谈个不休的人。这类人，一方面目中无人；另一方面好表现自己。并且，他们一般性格外向。当话题冗长、要相当时间才能告一段落时，他们心中必潜藏着唯恐被打断话题的不安，所以才会以盛气凌人的方式谈个不休。

（6）说话轻声细语的人。这类人生性小心谨慎，具有一定的文化修养，措辞严谨适当，而且谦恭有礼。他们对人很有礼貌，别人也会尊重他们；胸襟宽阔，能够包容他人的缺点和错误，对人也很客气，不轻易责怪与怨恨他人，注重交往，能够主动与周围的人拉近距离。

（7）喜欢用含糊不清的语气和词语结束话题的人。这类人往往胆小怕事，大多神经质，明哲保身，需要承担责任时常常推托搪塞，比如说，"这只是个人的看法""不能以偏概全""从某种意义上讲"或"在某种形势下"，等等。

从兴趣爱好来识人

每个人都具有各自不同的爱好，而这种不同的爱好正好反映出一个人的性格。一个人的兴趣有好多种，而每一类型性格的人兴趣却有着大致相同的范围。因此，知道对方的兴趣爱好，也等于间接知道了对方的性格。

1. 读书看性格

读书不仅能使人增加知识和修养，而且还能在某种程度上反映出一个人的性格。

（1）喜欢读爱情小说。这是感情型的人，极端直觉，生性乐观，通常可较快从失望中恢复过来，东山再起。

（2）喜欢读侦探小说。说明他乐意接受思想上的挑战，是一个出色的解决问题者，别人不敢碰的难题，他都愿意去对付。

（3）喜欢读科幻小说。这是一种富有幻想力及创造性的人，对科技感到迷惑，喜欢为将来制定计划。

（4）喜欢读财经书刊。这是一种异常爱竞争的人，最喜欢超过别人。

（5）喜欢读妇女书刊。说明其有意成为一个女强人，希望事事都表现出色。

（6）喜欢读时装书刊。这是一种很注意自己身份的人，会尽力改善自己在别人眼中的形象。

（7）喜欢读历史书刊。这是一种很有创造力的人，不喜欢胡扯、闲谈，宁愿花时间做些有建设性的工作，而不愿去参加社交活动。

（8）喜欢看漫画书刊。这种人爱好玩乐，性格无拘无束，不会把生命看得太沉重。

（9）喜欢读报纸及新闻类杂志。这是一种意志坚强的现实主义者，善于接受新思想。

2. 运动看性格

（1）喜欢游泳、跑步、爬山、跳舞等不需要辅助物件的人。这是个性相对独立且不太喜欢被打扰的人。这类运动因为完全可以自己进行，不用别人的参与或配合。所以，这类人性格应该比较独断独行，自主性较强，而且善于思考，不容易被别人影响，需要充分的自由空间，性格中有些许自恋，活力十足。

（2）喜欢篮球、足球、乒乓球、羽毛球等需要配合和集体参与运动的人。这类人比较容易融入集体，善于交际，个性随和但冲劲十足。热爱竞争类运动的人渴望与人交流，渴望被关注，如果不是单纯想出风头，大部分的人是很好合作和容易相处的人，个人主义比较淡，可能有些许暴力倾向，好斗，容易冲动。

（3）喜欢围棋、象棋、五子棋等比较静态运动的人。个性严谨稳重，沉着冷静，情绪波动不大，属于慢热性。喜欢这类静态运动的人生活中相对比较低调，不喜欢华而不实的浮躁，追求心灵的满足多过物质的满足，计划性强，容易达成目标，是许多人的心灵导师，平和，睿智，有耐性。

3．音乐看性格

（1）喜欢古典乐曲的人。他们爱追求人生尽善尽美的境界，身份、地位对他们来说极为重要。他们似乎是不讲究物质享受，但是一旦有资格追求的话，他们必然会一切都能做最好，完美无缺。

（2）喜欢进行曲的人。他们事事循规蹈矩，凡事不爱求变，同时是一个完美主义者，希望自己的一切都有做得最好，完美无缺。

（3）喜欢听凄凉哀歌的人。他们多属善感型，富悲天悯人的同情心，在他们的生命大事中，常常与歌曲有联系。

（4）喜欢大型乐队表演乐章的人。他们性情乐观，满怀希望，为人处事只看到别人美好的一面，喜欢出风头，经常幻想自己能跻身上层社会中。

（5）爱好爵士乐的人。他们大多喜欢宁静而富有情调的夜生活，他们不爱放荡不羁，对别人也十分关怀随和，对人生充满希望，同时喜欢说笑和自嘲。

（6）喜欢摇滚乐的人。他们多数精力充沛，性情易冲动，并喜欢社交。

4．宠物看性格

（1）喜欢狗的人。他们热情、自信且诚实直爽。喜欢狗的人做事一般比较有主见，在人际交往中常常能很快被人接受，并会因热情爽朗的性格成为众人的中心。喜欢狗的人一旦与人成为朋友，便能长期保持友谊。当然，他们是爱动不爱静的人。

（2）喜欢猫的人。他们为人谨慎、虑事周详，是形式上的完美主义者。他们喜欢孤独和静静地思考，喜欢独立做事，执着而专注。但他们有爱热闹的一面，比如有时也喜欢参加社交聚会，但经常一方面很投入地与人交往，另一方面又封闭自己的心扉。喜欢猫的人常常有很强的直觉判断能力，能猜透别人的心思。但因不愿率直地表露自己，常给人以"看破红尘"的感觉。爱情方面属保守型，基本不会采取积极攻势。

（3）喜欢鸟的人。他们心思细腻且注重精神生活，所以易受第一印象及先入为主的观念左右。为人乐观、快活宽容，偶尔喜欢孤独地沉思冥想。思维缜密，常常有意想不到的见解。

（4）喜欢鱼的人。他们较为自我，我行我素，却不考虑后果，在社交方面也缺乏必要的手段，因而在生活中也很孤独。他们向往自由自在的生活，为此不惜放弃到手的幸福。难得的是喜欢鱼的人对既定目标有明确的认识，并能为此而努力，有不成功便成仁的决心。

（5）喜欢小兔子的人。他们往往性格最为温和，缺少主见，但有时会很固执。他们在朋友中人缘奇佳，以他们的奉献精神和牺牲精神让人不忍伤害。喜欢小兔子的人情绪最为稳定，很少有能让他们大起大落的事儿。他们的温顺性格决定了他们的生活永远风平浪静，但也因此而体会不到生活的丰富多彩。

第五章 人际交往，
你可以比你想象的更受欢迎

初次见面，给人留下良好的第一印象

人际交往的过程，就是不断地结识新朋友、扩大人脉圈的过程。认识一个新朋友，离不开第一次交往。懂得第一次交往的艺术，会使人如沐春风、相见恨晚，若不懂交往的方法，就会在交往中如无头苍蝇，到处碰壁。俗话说："良好的开端等于成功的一半。"初次交往一定要给人好印象。

在与陌生人交往的过程中，所得到的有关对方的最初印象称为第一印象。初次见面时，对方的仪表、风度所给你的最初印象往往形成日后交往时的依据。一般人通常根据最初印象而将他人加以归类，然后再从这一类别系统中对这个人加以推论与作出判断。人与人之间的相互交往、人际关系的建立，往往是根据第一印象所形成的论断。第一印象并非总是正确，但总是最鲜明、最牢固的，并且决定着以后双方交往的过程。

某超市一位经验丰富的经理说："有一天，一个人来拜访我。他穿得就像五六十年代的人。他开始做一个好得非比寻常的销售推介，但我老是走神。我看着他的鞋子、他的裤子，然后再把目光扫过他的衬衫和上衣。大部分时间里我都在想，如果这位专业销售员说的都是真的，那他为什么穿得如此落魄呢？他告诉我他手中有很多订单，他有许多客户，他们也购买了大量的这种产品。但他的个人外表致命地显示他说的话不是真的。我最后没有购买，因为我对他的陈述没有信心。"

在人际交往中，第一印象往往会给对方留下很深的烙印，如果你在第一次交往中给别人留下了一个好印象，别人就乐于跟你进行第二次交往；相反，如果你在第一次交际中表现不佳或很差，往往很难挽回。所以，务必注意你第一次跟人打交道时的"第一印象"。

有一句谚语是这样说的："第一印象永远不可能有第二次机会。"可见，良好的第一印象是交往成功、和谐人际关系的良好开端。第一次与人沟通是后续成功发展的关键。人们对你形成的某种第一印象通常难以改变。而且，人们还会寻找更多的理由去支持这种印象。因此，初次见面就给人留下不好的印象的人通常是不讨人喜欢的人，而第一次交往就给人留下美好印象的人更容易受人欢迎。

一个新闻系的毕业生正急于寻找工作。一天，他到某报社对总编说："你们需要一个编辑吗？"

"不需要。"

"那么，记者呢？"

"不需要。"

"那么，排字工人、校对呢？"

"不，我们现在什么空缺也没有了。"

"那么，你们一定需要这个东西。"说着，他从公文包中拿出一块精致的小牌子，上面写着"额满，暂不雇人"。

总编看了看牌子，微笑着点了点头，说："如果你愿意，可以到我们广告部工作。"

这个大学生通过自己制作的牌子表达了自己的机智和乐观，给总编塑造了良好的第一印象，引起其极大的兴趣，从而为自己赢得了一份满意的工作。

成功学家卡耐基说过："良好的第一印象是登堂入室的门票。"不可否认，给他人第一印象的好坏直接影响着你在他人心目中受欢迎的程度。美国心理学家亚瑟所作有关第一印象的研究中指出，人们在会面之初所获得的对他人的印象，往往与以后所得到的印象相一致。那么，怎样才能给人良好的第一印象呢？从根本上说，它离不开提高自己的文明程度和修养水平，离不开进行经常的心理锻炼。心理学家提出下面几条建议：

1.注意谈吐

一个人的谈吐可以充分体现其魅力、才气及修养。一个人有没有才气最容易从讲话中表现出来。在社交谈吐时，要注意环境气氛，绝不要喧宾夺主，自说自话。风趣，幽默的言谈给人以听觉的享受和心灵的美感。

2.注意仪表

仪表是一个人内部思想的体现，它反映了个体内在的修养。得体的仪表，是展现个人魅力的重要手段之一。因为第一次见面，别人是没办法去了解你的内在美的，而你体现在着装上的个性让别人看个明白。如果你穿的得体，那就会给别人留下一个好的印象。注意自己的穿着，不一定要穿上最流行、最时髦的衣服，只要穿着整洁，合适你的性格和体型就可以了。

3.注意行为举止

行为动作是一个人内在气质、修养的表现。男子的举止要讲究潇洒、刚强。女子的举止要注意优美、含蓄。在一般情况下，大方、随和乐观、热情的人总受人欢迎，炫耀、粗鲁或过于拘束的人则让人生厌。

4.展现风度

风度是一个人的性格和气质的外在表现，是在长期的社会实践中所形成的好的性格、气质的自然流露，属于一个人的外部形态。要有美的风度，关键在于个人在实践中培养自身的美的本质，形成美的心灵。古人早就说过：

"诚于中而形于外。"心里诚实，才有老实的样子。当然，人的风度是多样的，不能强求一律。人的风度的多样性，是为人的性格、气质的多样性所决定的。但是，无论性格、气质的多样性也好，还是风度的多样性也好，都应当体现出人的美的本质。只有美的心灵、性格、气质，才能有美的风度。

开怀一笑，博人好感者必善其幽默

幽默是一个人的学识、才华、智慧、灵感在语言表达中的闪现，是一种善于捕捉笑料和诙谐想象的能力，是对社会上的种种不协调及不合理的荒谬现象、弊端、矛盾实质的揭示和对某些反常规言行的描述。

在通常情况下，真正精于谈话艺术的人，其实就是那些既善于引导话题又善于使无意义的谈话转变得风趣的幽默者。这种人在社交场上往往如鱼得水，左右逢源，可算为社交中的幽默大师。

幽默是最富于智慧的艺术之一。千百年来，幽默艺术一直颇受人们的青睐。因为人们喜欢笑，而笑就意味着快乐和高兴。因此，具有幽默感的人更具亲和力，更易让人接近。

艾森豪威尔将军以处事公正严明著称，他对人宽大仁厚，而且生性幽默，非常懂得运用自嘲来鼓舞别人。这不仅使得他本人充满个人魅力，也更受士兵欢迎，从而更容易鼓舞士气。

第二次世界大战期间，他到前线视察，并对官兵们演说，以鼓舞士气。不巧下雨路滑，讲完话要离去时摔了一跤，引得官兵哄堂大笑。身旁的部队指挥官赶紧扶起他，并为官兵无礼的哄笑向他致歉。艾森豪威尔对指挥官悄声说："没关系，我相信这一跤比刚刚所讲的话更能鼓舞士气。"

第二次世界大战后期，美军因伤亡惨重，必须鼓励大家献血。艾森豪威尔以身作则，立刻以行动来响应这个号召。当他献完血要离开时，一名士兵发现了他。士兵立刻大声说："将军，我希望将来能输进您的血。"艾森豪威尔说："输我的血倒是可以，希望你不要染上我的坏脾气。"

因为他在军队任职时以幽默著称，所以广受欢迎爱戴，有"通情达理的上司"和"平民司令"的美称。他当上总统后，幽默温和的作风依然不改。

有一次，财政部长乔治·汉弗莱走进艾森豪威尔的总统办公室时，艾森豪威尔握住他的手并亲切地说："亲爱的乔治，我注意到你的梳头方式和我一样。"汉弗莱抬头一看，原来艾森豪威尔和他一样，都是光头。后来，汉弗莱常说他永远不会忘记总统那种随和而平易近人的作风。

幽默是艾森豪威尔的一大性格因素。幽默不仅使他充满了个人魅力，也帮助他解决了不少人际上的难题，促进了他的成功。

幽默是一种睿智的处事方式，也是一种成熟的、高尚的心理自卫机制，是个人素养比较成熟的表现。凡是具有较高情商的人，都善于用幽默来应付紧急情况。也就是说，当你遇到急迫而又棘手的问题时，可以随机应变，用一句幽默的话，使自己立于不败之地。

幽默，是一种比漂亮更亲和、更持久的魅力，岁月催人老，但是岁月改变不了一个幽默的人身上的气质。几乎没有人不喜欢和幽默的人交朋友。

有一次，拿破仑在歌剧院里看歌剧，发现另一个包厢里坐着著名的作曲家罗西尼，而罗西尼有着"音乐皇帝"的美称。于是，拿破仑让侍从去请罗西尼到自己这里来。罗西尼一进来就跪下请罪："皇帝陛下，我没有穿晚礼服来见您，请宽恕我的大不敬。"拿破仑微微一笑，说道："我的朋友，你认为在皇帝与皇帝之间存在这样的礼仪吗？"一句话消除了罗西尼所有的顾虑。于是，两人兴致勃勃地看起了歌剧。

幽默像桥梁一样，能够拉近人与人之间的距离。幽默的力量，能够润滑人际关系，松弛紧张的情绪，减轻生活中的压力，化解工作中的难题。

幽默具有如此神奇的力量，能为你带来意想不到的收获。很多善于运用幽默来处理人际关系的人，往往能够更好地消除敌对情绪，解除困窘，营造出融洽的气氛。幽默能使你成为一个受欢迎的人，使别人乐意与你接触，愿意与你共事。它是你无形的保护阀与人际交往中的润滑剂。

保罗·纽曼是美国著名的电影明星，凭借精湛的演技，塑造了众多令人信服的银幕形象，并跃升为好莱坞最受瞩目的男演员之一。1982年，为了祝贺纽约布鲁克林大学开设电影系，保罗·纽曼特地访问该校，在主持新片《没有恶意》的试映会之余，还参加了学生的座谈。

有一位学生非常气愤地说："我从广播电台听到这部电影的预告，得知最后一场是拼得你死我活的枪战场面。可实际上，片尾非常平静、和平。像这种虚伪的广告宣传，实在不敢恭维。"

由于这位学生讲得义愤填膺，现场的气氛也跟着紧张起来。保罗·纽曼回答说："我完全不了解广播电台的广告内容。"稍作停顿后，他接着说，"不过，下一次的片尾肯定会有激烈的射杀场面。镜头上出现的是，那位广播电台的播音员被我用枪打死了。"

仅仅一个幽默的回答，台下的观众都哄堂大笑起来，紧张的气氛也随之缓解了，纽曼还得到了更多影迷的爱戴。

幽默是缓和气氛的一剂良药。假如能巧妙地运用幽默，那人与人之间的交流会变得更加融洽，心情放松下来之后，心灵上也更容易产生共鸣。当一个人学会用幽默的方式和态度对待他人时，双方之间的鸿沟就能被填平，两个人不仅能走得更近，而且还容易达成共识与默契。

幽默是一种高情商的表现。在你能表现幽默的时候，千万别放过这个机会。善于幽默的人更容易左右逢源。不论是驾驭企业的决策者，还是叱咤风云的政治家，不论是市场中的推销员，还是家庭中的主妇。如果你能够恰如其分地运用幽默，便会改善个人形象，增加自己的魅力，融洽与他人的关系，为自己的人际交往成功加分。既然幽默如此有力量，那怎样才能培养自己的幽默感呢？以下有几个建议。

1. 扩大知识面

因为幽默须建立在丰富知识的基础上，才能作出恰当的比喻。另外，幽默是一种智慧的表现，要具有审时度势的能力和深广的知识面，这样才能够谈资丰富、妙言成趣。这就要求你广泛涉猎，用人类的文明成果丰富自己的头脑，从浩如烟海的书籍中收集幽默的浪花，从名人趣事的精华中撷取幽默的宝石。

2. 懂得自嘲

如果你想开玩笑又担心大家多心，最好的办法就是拿自己开玩笑。适当的自嘲不仅可以体现自己的幽默感，还可以打消很多人对你的芥蒂，觉得你是一个容易接近的人。

3. 掌握幽默的分寸

幽默的使用要视具体情况而定，对长辈、女性和初次相识的人，一定要慎用幽默。使用幽默也不宜过度，不然很可能会被对方误解为取笑与讥讽，那样对双方关系大大的不利，容易产生隔阂。

只要敢开口称赞他人，你就是个大赢家

马克·吐温说过："听到一句得体的称赞，能使我陶醉两个月。"在生活中，几乎每个人都希望获得赞美。当一个人受到别人真诚的赞美时，就会产生积极的心理效应，如性格会变得活泼、热情、积极、乐观，愿意与人接近等。你则可以利用人们的这种心理，在谈话中多赞美对方，这样就能够收到比较好的效果。

有一个年轻人应邀去参加一个盛大的舞会，可是显得心事重重。一位年长的女士邀请他共舞一曲，随着欢快的舞曲，年轻人也变得开朗起来。

一曲结束，年轻人对年长的女士给予由衷的赞美。对她的舞技大加赞赏。年长的女士听到有人这么欣赏她的长处，显得很开心。出于好奇，女士忍不住询问年轻人刚开始时为何愁眉不展。

年轻人讲出了原因，原来他是一家运输公司的老板，可是由于自然灾害的原因，他的公司遭受了很大的损失，已经接近破产的边缘。年轻人已经没有多余的资金维持公司的周转了，即使想翻身也没有机会。

事有凑巧，年长女士的丈夫是当地一家大银行的行长，女士很爽快地把年轻人介绍给了她的丈夫，她的丈夫随即找人对年轻人的公司进行了分析和调查，给他贷款100万，帮助年轻人渡过了难关，解了燃眉之急。

赞美之所以对人的行为能产生深刻影响，是因为它满足了人的自尊心的需要。赞美是对个人自我行为的反馈，它能给人带来满意和愉快的情绪，给人以鼓励和信心，让人保持这种行为，继续努力。赞美也是一种有效的激励，可以激发和保持一个人行动的主动性和积极性。

莎士比亚曾经这样说过："赞美是照在人心灵上的阳光。没有阳光，我们就不能生长。"赞美作为一种与他人社交的技巧，其可谓是具有神奇的魔力，它不但可以消除人际间的龃龉和怨恨，满足人的虚荣心，还可以轻易说服对方接受你的观点，有时甚至足以改变一个人的一生。

奥尔夫的传播公司近日打算推出一系列的新产品，因此需要拍摄一组广告来进行宣传。所以，这段时间有不少广告公司的人来找经理谈业务。

这天，某广告公司的推销员斯威尔来到了奥尔夫的公司。刚走进奥尔夫的办公室，斯威尔就看到了墙上挂着的公司标志，他说："哟，你们公司的标志设计得不错呀，不仅能给人一种很有活力、积极奋进的感觉，而且细看之下意味深长呢。"就这样，斯威尔开始了他的谈话。

奥尔夫非常自豪地说："是吗？这是公司刚成立那会儿我亲自设计的。"然后，他开始侃侃而谈公司标志设计比例、色彩调配及内涵，其兴奋之情溢于言表。

最后，斯威尔顺利地拿下了奥尔夫公司的广告订单，在满足奥尔夫的赞美需求的同时，他顺利实现了自己的目的。

其实，说一句简单的赞美并不是一件难事，只要你留心观察，生活中处处都有值得赞美的地方。当你满足了对方的荣誉感之后，他自然不会怠慢你。如果某人能以肯定对方成绩的方式来赞美别人，他必然会取得意想不到的成果。

赞美之于人心，如阳光之于万物。在生活中，人人需要赞美，人人喜欢赞美。这不是虚荣心的表现，而是渴求上进，寻求理解、支持与鼓励的表现。父母经常赞美孩子，家庭气氛和睦、欢乐；领导经常赞美下级，职工的积极性、创造性不断被激发，被调动。爱听赞美，出于人的自尊需要，是一种正常的心理需要。经常听到真诚的赞美，明白自身的价值获得了社会的肯定，有助于增强自尊心、自信心。

有的人吝惜赞美，很难赏赐别人一句赞美的话。他们不懂得，多正面引导，多表扬鼓励，是沟通的一种方式。予人以真诚的赞美，体现了对人的尊重、期望与信任，并有助于增进彼此间的了解和友谊，是协调人际关系的好方法。人人皆有可赞美之处，只不过长处、优点有大有小、有多有少、有隐有显罢了。只要你细心，就随时能发现别人身上可赞美的闪光点。

在生活中，如果乐意而且懂得衷心地表扬他人，那么你就能够更好地激励周围的人，你的谈话也就能够达到预期的效果。情商高者总会记得他人的赞美给自己带来的快乐有多大。所以，他们时刻都不忘记多用动听的语言去赞美周围的人。假如你想让自己的人际关系更加和谐，那就尝试从今天开始真诚地赞美他人吧。

当然，赞美的话也不能毫无顾忌、不讲分寸，因为那样只会适得其反。并不是每一次赞美都能引起人们的好感，赞美也讲究一定的方法和技巧。得体的赞美可以鼓舞人，不得体的赞美只能害人害己。那么，如何赞美才算得体呢？

1. 赞美要真诚

阿谀奉承不算是赞美，因为那不是真心话。假如经常说一些违心的称赞，那当你真想赞美别人时，对方恐怕不会相信你。事实上，有很多细节都值得你去真诚地赞扬，根本没有必要说一些违心的话。

2. 赞美要把握时机

在交际中，恰到好处的赞美是十分必要的，赞美应当切合当时的气氛、条件，有着一定的时效约束。当你发现对方有值得赞美的地方，就要及时大胆地赞美，千万不要错过时机。不识时机的恭维无异于南辕北辙，结果只能是事与愿违，起不到该起的效果，甚至会产生一定的副作用。同时，你还应该记住：当你的朋友发现自己的某种不足而要改正时，你却对他的这种不足之处大加赞赏，必然弄巧成拙、适得其反。有"劝善规过之谊"的古训，这也是现代人交际中的一个为人准则。

3. 赞美要具体

要想赞美更有力量，那就要针对具体的赞美对象。一般来说，称赞得越广泛越庞杂，所发挥的力量就越弱。因此，赞扬最好针对一件具体的事情，如"你的领带跟这身蓝色西服很相配"，而不是笼统地讲"你今天穿得很好看"。

4. 赞美要因人而异

在人际交往中，还应当注意交际对象的年龄、文化程度、职业、性格、爱好、特征等，要因人而异，把握分寸，切不可随意赞美、奉承对方，尤其是新交，理应小心谨慎。比如，你对因身材过于肥胖而发愁的姑娘说："你的身材真好。"姑娘听了一定会认为你是在取笑她而大为不快。但如果对一个因自己的身材姣好而感到自豪的姑娘说这句话，却可以使她增加对你的好感和信任。

学会换位思考，站在对方的立场上思考问题

在人与人之间的交往中，有一种处理人际关系的思考方式——换位思考。简单地讲，就是互相宽容、理解，多去站在别人的角度上思考，它是一种理解，也是一种关爱，更是人与人之间交往的基础。

现实生活中，每个人在社会上都扮演着一定的角色，在交际过程中，人们都是以具体角色出现的。由于长期习惯于从自己角色出发来看待自己和别人的行为，就使认识带有不同程度的片面性。例如，顾客认为营业员都不尽职责，营业员却觉得顾客总是在找麻烦；当领导的觉得下属不服从管理；当下属的觉得上级不了解实际情况……因为角色不同，人际间总是发生冲突，不能相互理解，造成沟通障碍。

如果你要想克服这种沟通障碍，就要进行换位思考，即设身处地为对方着想，假使自己处在对方的位置上，有何感想？这样，就会通情达理地谅解对方的行为和态度。

在南美的一个小镇上，一个人喝醉了酒之后到处惹是生非。警察接到举报后便将正在发酒疯的人扭送到了法庭。醉汉预感到法官要惩罚他，于是急中生智地说道："请允许我向法官大人提几个问题。"

"可以，你问吧。"法官说。

"假如我喜欢沙枣，会不会对他人产生不好的影响？"

"没有什么不好。"法官回答。

"假如我再喝些水，这样也有罪吗？"

"当然没有罪。"

"然后，我躺在地上晒一会儿太阳，享受阳光的沐浴，这是不是犯法呢？"

"不是。"法官说。

"那为什么我喝了一点用枣加上水酿成的东西，然后在大街上晒一会儿太阳，警察就把我抓起来，说我有罪呢？"那个人质问法官。法官笑了笑，没有直接回答他的问题，而是以同样的方式反问道："先生，现在我想向你提几个问题，请你也认真回答我。"

"你随便问吧。"那个人傲慢地答道。

法官说："如果我向你泼一点水，会使你受伤吗？"

"不会。"那人回答。

"如果我往你头上再倒点黏土，会导致你残疾吗？"

"当然不可能。"

"那么我把这些黏土掺些水做成砖头，再放在太阳下晒晒，然后用它打击你的头，这样做会有什么后果？"

"当然……当然会受伤，这样会打破我的头。"那人回答。

"那很好。"法官说，"虽然水和黏土都不会对你造成伤害，但用水和黏土做成的砖头却会砸破你的头；同样，虽然喝点水、吃点沙枣并不违反法律，但用这种枣和水酿成的酒却能让你失去理智，使你闹事，结果触犯了法律。"

那个人听后再也说不出话来，乖乖地等候法官发落。

显然，这名法官是聪明的，他没有直接回答那人的问题。因为他知道讲道理对方一定不会听的，还不如站在对方的思维上思考问题，以对方特有的方式来进行教育，采用最适合的比喻，恰当地回复了犯人的话，变被动为主动，让人心服口服。

换位思考是人与人之间的一种心理体验过程，当人们做到将心比心，设身处地为他人着想的时候，那么就可以避免抱怨情绪的恶性循环。换位思考是人类经过长期博弈、付出惨痛代价后总结出的黄金法则。当人们学会站在对方的立场上体验和思考问题，与对方在思想上进行沟通，那么就能够学会理解他人、宽容他人，遇事化干戈为玉帛，化消极为希望。

其实，人的认识难免受到主观认识等诸多条件的限制，如果不能冲破这些条条框框的限制，就很难得到正确的认识。以换位思考的方式与人进行沟通就可以帮助你在一定范围和条件下克服这种局限性，即跳出原有的认识圈子，站到对方角度和立场上去观察、体会和分析问题，从而转变原有不正确的认识。

著名人际关系专家卡耐基租用纽约某家饭店的大舞厅，用来每季度举办一系列讲座。

有一次，当一个季度开始的时候，他突然接到通知，说他必须付出比以前高出三倍的租金。卡耐基拿到这个通知的时候，入场券已经印好，并且发出去了，所有的通告也都已经公布了。

卡耐基不想付这笔增加的租金，可是跟饭店的普通员工谈是没有用的。因此，几天之后，他去见饭店的经理。

"收到你的信，我有点吃惊。"卡耐基说，"但是我根本不怪你。如果我是你，我也可能发出一封类似的信。你身为饭店的经理，有责任尽可能地使收入增加。如果你不这样做，你将会丢掉现在的职位。现在，我们拿出一张纸来，把你因此可能得到的利弊列出来。"

然后，卡耐基取出一张纸，在中间画了一条线，一边写着"利"，另一边写"弊"。他在"利"这边的下面写下这些字："舞厅空下来。"接着说："你把舞厅租给别人开舞会或开大会是最划算的，因为像这类的活动，比租给人家当教室能增加不少的收入。如果从我把你的舞厅占用20个晚上来讲课，你的收入当然就要少一些。

"现在，我们来考虑坏的方面。第一，如果你坚持增加租金，你不但不能从我这儿增加收入，反而会减少自己的收入。事实上，你将一点收入也没有，因为我无法支付你所要求的租金，我只好被逼到另外的地方去开这些课。

"你还有一个损失。这些课程吸引了不少受过教育、修养高的公众到你的饭店来。这对你是一个很好的宣传，不是吗？事实上，如果你花费5000美元在报上登广告的话，也无法像我的这些课程能吸引这么多的人来你的饭店。这对一家饭店来讲，不是价值很大吗？"

卡耐基一面说，一面把这两项坏处写在"弊"的下面，然后把纸递给饭店的经理，说："我希望你好好考虑你可能得到的利弊，然后告诉我你的最后决定。"

第二天，卡耐基收到一封信，通知他租金只涨50%，而不是300%。

卡耐基之所以成功，在于当他说"如果我是你，我也会这样做"时，他已经完全站到了经理的角度。接着，他站在经理的角度上算了一笔账，抓住经理赢利的动机，使经理心甘情愿地把天平砝码加到有利于卡耐基这边。

世上任何事物都是相对的，站在一个角度看是一种感觉，换一个角度就会变成另外一种感觉。因此，在人际交往中不能过于片面地看待问题，尤其不能只站在自己的角度看问题，而应调整好自己的参照点和观察点，多站在对方的立场上进行观察，以便形成良好的感觉和积极的心态，得出更具体全面的结论。这样，你就会得到更多的启迪和智慧。

只有真诚对待对方，才能赢得对方的信赖

以诚待人，能够获得人们的信任，发现一个开放的心灵，经过努力得到一位用全部身心帮助自己的朋友。这就是用真诚换来真诚，如果在与人打交道时去除防备、猜疑的心理，代之以真诚同别人交往，那么就能获得出乎意料的好结果。

美国心理学家安德森曾经作过一个试验：他制定了一张表，列出550个描写人的品性的形容词，让大学生们指出他们所喜欢的品质。

试验结果明显地表现出，大学生们评价最高的性格品质不是别的，正是"真诚"。在八个评价最高的形容词中，竟有六个（真诚的、诚实的、忠实的、真实的、信得过的、可靠的）与真诚有关，而评价最低的品质是说谎、装假和不老实。

安德森的这个研究结果具有现实意义。在交往中，人们总是喜欢诚恳可靠的人，痛恨和提防口是心非、虚伪阴险的人。真诚无私的品质能使一个外表毫无魅力的人增添许多内在吸引力。人格魅力的基本点就是真诚。待人诚实一点、守信一点，能更多地获得他人的信赖、理解，能得到更多的支持、帮助和合作，从而获得更多的成功机遇，最后脱颖而出，点燃闪亮人生。

以诚待人，能够在人与人之间架起一座信任的心灵之桥，通往对方心灵

彼岸，从而消除猜疑、戒备的心理，把你作为知心朋友。大家在工作中应充满真诚，离开了真诚就无友谊可言。一个真诚的心声，才能唤起一大群真诚的人的共鸣。

　　有一则寓言说：有只小猪，向神请求当他的门徒，神欣然答应。刚好有一头小牛由泥沼里爬出来，浑身都是泥泞，神对小猪说："去帮他洗洗身子吧。"小猪讶异地回答说："我是神的门徒，怎么能去侍候那脏兮兮的小牛呢？"神说："你不去侍候别人，别人怎会知道你是我的门徒呢？"

　　原来要得到别人尊敬很简单，只要真心付出就可以了。人与人之间融洽的感情是心的交流。肝胆相照，赤诚相见，才会心心相印。你想要别人怎样待你，你就要怎样待别人。只要你付出了真情，朋友才会以真情待你，双方的关系才能得以持续、稳固、健康的发展。

　　真诚是为人的根本。那些取得巨大成功的人都有许多共同的特点，其中之一就是为人真诚。如果你是一个真诚的人，人们就会了解你、相信你。不论在什么情况下，人们都知道你不会掩饰、不会推托，都知道你说的是实话，都乐于同你接近，因此也就容易获得好人缘。

　　真诚的核心和灵魂是利他，也就是与人为善。如果对别人来说，谎话更适宜和容易接受，又不会伤害任何人的利益，那就不妨放弃对完全诚实的固执。但在任何时候，都绝不能为了个人利益而放弃诚实。那些经常为私利而表现不诚实的人是不会获得成功的。一个人对其他人表现出完全不诚实时，在钱财方面是有可能获得成功的。但是，他绝对不可能永远自欺欺人。

　　在生活中，要当一个真诚的人不容易，因为它来不得半点虚假和功利，需要实实在在地付出、奉献。一个处处为他人着想、绝不为个人利益放弃诚实的人，人人都会真诚接纳他，愿意和他交往。所以要想给人留下好印象，最要紧的是恰当地真诚。

英国专门研究人际关系的卡斯利博士这样指出："大多数人选择朋友是以对方是否出于真诚而决定的。"与朋友相处，以诚为贵。与人打交道时，你存在防备、猜疑的心理，不能敞开自己的胸怀，讲真话、实话，总是遮遮掩掩、吞吞吐吐、令人怀疑，是无法搞好人际关系的。

当朋友需要你时，你要尽心尽力予以援手；当他无意中冒犯了你时，你要抱着宽容大度的心情，真心真意原谅他；他有求于你时，要毫不犹豫地帮助他。或者，你会问："为什么我要待他这么好？"答案很简单，因为他是你的朋友。

人与人的感情交流具有互动性。一个人如果要想与人成为知心朋友，首先得敞开自己的胸怀。要讲真话、实话，切忌遮遮掩掩、吞吞吐吐、令人怀疑，以你的真诚去换取别人的真诚。请记住：只有真诚对待对方，才能赢得对方的信赖。

学会微笑，别总摆出一张苦瓜脸

微笑是人际交往的润滑剂，每个人都喜欢看到一张微笑的脸，它透露着亲和与阳光，给自己一个轻松的心情，别人一个轻松的感觉。所以，假如你要获得别人的欢迎，请给人以真心的微笑。

著名演讲家戴尔·卡耐基说："最近，我在纽约参加过一个宴会，中间有一位少女，她在不久之前得到了一笔巨额的遗产，于是花了大量的金钱，把自己从头到脚装饰得十分华丽。她为什么要这样做呢？无疑地，她是想使宴会中的每一位宾客对她都有一个好印象。可是，不幸得很，她的衣饰是足够富丽了。但是，她的一副面孔十分深沉，好像是有着一股凌人的傲气，令人看了无论怎么也不会生出愉快的感情来。她只知道在自己的服饰上花心思，而忘掉了人最要紧的是面部的表情。"

确实，一个人有着一张笑脸，那是谁都欢迎的，如果老是一张哭丧脸，那么无论服饰怎么富丽，也会使人讨厌。

对于一个人来说，真正的风度并不仅仅表现在穿着打扮、举止言行上。有的人尽管一身名牌，但是职业的冷漠、僵硬的表情、伪装牵强的笑容反而让人反感；有的人尽管衣着普通，但是流露出发自内心的笑容，人们反而觉得他有亲和力和风度。所以说，笑容就是你最好的名片，笑容能照亮所有看到它的人。笑容使你显得高贵自信、大方热情，让人觉得和你交流是愉快的，你对他是尊重的。

有一次，底特律的哥堡大厅举行了一次巨大的船舶展览，人们争相参观。在展览会上人们可以选购各种船只，从小帆船到豪华的大游轮应有尽有。在这期间，有一宗巨大的生意差点丢掉，但第二家船厂用微笑又把顾客拉了回来。

一位来自中东某一产油国的富翁，站在一艘展览的大船面前，对站在他面前的推销员说："我想买一艘价值2000万美元的船。"本来，这对推销员来说是天大好事。可是，那位推销员只是愣愣地看着这位顾客，以为他是疯子，不予理会，认为这位富翁在浪费自己的宝贵时间。看着推销员那没有笑容的脸，富翁便走开了。

富翁继续参观，到了下一艘陈列的船前，这次招待他的是一位热情的推销员。这位推销员脸上挂满了亲切的微笑，那微笑就跟太阳一样灿烂，使这位富翁感到非常愉快。于是，他又一次说："我想买艘价值2000万美元的船。"

"没问题。"这位推销员说，他的脸上挂着微笑，"我会为你介绍我们的汽船系列。"随后，便推销了他的产品。

在相中一艘船后，这位富翁签了一张500万美元的支票作为定金，并且对这位推销员说："我喜欢人们表现出一种对我非常有兴趣的样子，你现在已经用微笑向我推销了你自己。在这次展览会上，你是唯一让我感到我是受欢迎的人。明天我会带一张保付支票过来。"言出必行，第二天，他果真带了一张保付支票回来，购下了价值2000万美元的船。

这位热情的推销员用微笑把自己推销出去了，并且连带着推销了他的船。据说，在那笔生意中，他可以得到20%的利润，这可以让他少干半辈子活。那位冷冰冰的推销员，则让自己与好运擦身而过。

看，这就是微笑的魅力。一位学者说："对人微笑是高超的社交技巧之一，也是获得幸福的保障。只要活着，忙着、工作着，就不能不微笑。"微笑是世界上最美的表情，是最动听的无声语言、社交中最有力的武器。要想在社交中成为主角，就必须牢牢地把握住最有力的武器——微笑。无论你在什么地方，无论你在做什么，在人与人之间，简单的一个微笑是一种最为普及的语言，能够消除人与人之间的隔阂。人与人之间的最短距离是一个可以分享的微笑，即使是你一个人微笑，也可以使你和自己的心灵进行交流和抚慰。

一位成功人士曾道出自己的成功秘诀："如果长相不好，就让自己有才气；如果才气也没有，那就总是微笑。"微笑不仅能够展示自己的自信，也传递了一种乐观积极的态度，可以显示出一个人的思想、性格和感情。微笑是富有感染力的，一个微笑往往带来另一个微笑，能使双方得以沟通，建立友谊、融洽关系。这样，人与人之间的关系可能会单纯得多、轻松得多。

第五章 人际交往，你可以比你想象的更受欢迎

一天，约瑟夫去拜访一位客户，但是很可惜，他们没有达成协议。约瑟夫很苦恼，回来后把事情的经过告诉了经理。经理耐心地听完了约瑟夫的讲述，沉默了一会儿说："你不妨再去一次，但要调整好自己的心态，要时刻记住运用微笑，用你的微笑打动对方。这样，他就能看出你的诚意。"

约瑟夫试着去做了，他让自己表现得很快乐、很真诚，微笑一直洋溢在他的脸上。结果对方也被约瑟夫感染了，他们愉快地签订了协议。

约瑟夫结婚已经18年了，每天早上起来都要去上班。忙碌的生活让他顾不上自己心爱的太太，他也很少对妻子微笑。约瑟夫决定试一试，看看微笑会给他们的婚姻带来什么不同。

第二天早上，约瑟夫梳头照镜子时，就对着镜子微笑起来，他脸上的愁容一扫而空。当他坐下来开始吃早餐的时候，他微笑着跟太太打招呼。她惊愕不已，非常兴奋。在这两周的时间里，约瑟夫感受到的幸福比过去两年还要多。

现在，约瑟夫上班时，就对大楼门口的电梯管理员微笑；他微笑着跟大楼门口的警卫打招呼；站在交易所时，他对工作人员微笑。约瑟夫很快就发现别人同时也对他微笑。一段时间之后，他发现微笑真的改变了他的生活，他收获了更多的快乐和友谊。

看来，微笑的确是改善人际关系的重要力量，它时时刻刻都用得着。一个不会微笑的人是非常可怕的，必须强迫你自己面带微笑。

在生活中不能没有微笑。一位诗人曾经这样写道："你需要的话，可以拿走我的面包，可以拿走我的空气，可是别把你的微笑拿走。因为生活需要微笑，也正因为有了微笑，生活便有了生气。"的确，在生活中不能没有微笑。微笑是你接近他人最好的介绍信。微笑的表情，是一种诚意和善良的象

征，是愉悦别人的一种良好形象，同时是一种引起兴趣和好感的催化剂。

总之，笑容对于生活中的每一个人都很重要。微笑不但会改变别人的心情，而且会改变你自己的心情。一直把笑意写在脸上，好人缘就会自然拥有了。

第六章　广泛交友，用情商拓展人脉

善于结交陌生人，扩大朋友圈

世界上没有所谓的陌生人，只有还未认识的朋友，所有的朋友都是从陌生到认识再到一步步发展成为朋友的。如果你想要拓展人际关系，就要敢于同陌生人打交道。

在很多人的意识中，陌生人是某种敌对意味的代名词。其实，你根本没有必要回避陌生人。将陌生人拒之门外，这十分不利于扩大自己的社交圈子。你所要做的就是如何在最短的时间内将陌生人转化为自己的朋友、客户和生意上的伙伴。因此，对每个人来说，如何亲近陌生人是一个非常重要的问题。

有一个温州小伙子打算去北方某城市寻求发展。在坐火车时，因人流拥挤，不小心踩了一位老者的脚。他赶忙道歉，态度尽管诚恳，但老人听不懂他的温州话，反倒以为他是在替自己辩解，指责老人的不对。

老者平生最讨厌不讲礼貌的后生，便很严厉甚而苛刻地训斥了他。被骂得晕头转向的小伙子口上不说，心里却暗怪老者不讲道理。谁知上了火车，落座之后恰巧与老者坐了个面对面。

小伙子主动搭腔，并一字一句力求让老者明白他是在道歉，并邀请老者共进午餐。

老者为自己的误解感到惭愧，也为小伙子的诚心所感动，于是留下了自己的地址和电话。此后，小伙子便常常带些礼物去老者家中探望，精诚所至，两人竟成了忘年之交。在老者的帮助下，他在这个人生地不熟的城市里站稳了脚跟，赢得了比其他温州同乡更大的发展机会。

其实成功的过程本身就是一个不断积累人际关系资源的过程。事实上，即使萍水相逢的陌生人，在关键时刻都有可能改变你的命运。所以，在平时为人处世的时候，要尽量和每一个人保持友好的关系，以备用时有所依靠。

陌生人是人脉的重要组成部分。俗话说："靠人脉赚钱。"而人脉给予人们的远远不止金钱而已，无论事业还是感情，事实上都是在适当的时间遇到了可以与你产生积极互动的人。你可以把陌生人变成熟人，这样遇见贵人的机遇就会大起来。

魏国是一家私企的老板，因为要与另一家公司展开合作。所以，他就驾车带着助手小王去商谈合作的事宜。

此时正是上班高峰，路上的车特别多。不可避免地，他们遭遇了堵车，眼看着离会面的时间越来越近，两人急得像热锅上的蚂蚁。

真应了那句话：忙中出错。魏国在急于抢时间的时候，车启动得稍快了一些，碰到了前面的黑色奥迪上。不过，奥迪车主好像还不知道情况，并没有从车上下来。魏国赶紧熄了火，打算下去跟对方说一下。这时，小王一把拉住了他："魏总，我们还是不要多事了。您没看见吗，那个人还不知道我们碰到了他的车，干脆咱们也装作不知道就行了。万一他是个难缠的主，拽住咱们不让走，不光耽误时间，还会给自己找麻烦的。"

魏国笑了一下："小王，不能装作不知道，有了过错就得承担后果。反正现在正堵车，我下去跟他解释一下。"

"魏总，真是拿你没办法。要下去就一块下去，我给您助威，让他不敢造次。"

魏国下车来到奥迪前，敲了敲窗玻璃。窗玻璃摇下后，露出了一张年轻的脸。"这位朋友，不好意思，刚才我启动车的时候可能碰到了您的车，您要不要下来看一下。"

年轻人打量了魏国几眼，确定魏国不像在说谎，就打开车门下来了。两个人来到奥迪车后仔细地查看了一番，还好，没什么大问题，奥迪车的保险杠擦出了几道印子。年轻人没说什么，魏国掏出了名片递上去说："因为时间紧迫，来不及商量赔偿的事。这是我的名片，咱们可不可以另外找时间商谈？"年轻人看了下名片说："没关系，这点小问题不用赔偿。都是堵车惹的祸。"

魏国说："可不是吗，如果不是堵车，我也就不这么急着赶路了。"就这样两个人你一句我一句聊上了堵车的话题，而且越聊越起劲。

最后，魏国说："看您这么豁达，这样吧，改天我请您喝茶吧，能不能告诉我您的联系方式？"年轻人也给了魏国一张名片。

回到了车上后，小王见魏国不仅没有刚才焦虑的神情，反而还笑眯眯的。"魏总，您没事吧？这都快到会谈的时间了您还笑？"

"小王，不用怕。你知道那个年轻人是谁？他就是要跟咱们会谈的人。"

这个故事或许有些巧合的成分在里面。但事实上，世界就是这么小，而事情就不是这么巧了。因为，这个世界上根本没有陌生人，说陌生是因为你还没有认识他，也就是说，陌生人只不过是你一个潜在的朋友。

善于结交陌生人是扩大自己的交际圈和人际关系的保障。其实，老朋友都是由新朋友发展而来的，新朋友都是从陌生人发展来的。仔细想一下，你的熟人朋友哪一个原来不是陌生人。没有任何研究能证明：人们与陌生人之间交际能力是先天带来的，而不是后天学得的。因此明显的事实是，人们可以提高日常交际能力。只要你有交往的意愿，敞开心扉，友谊的大门将向你敞开着。

1．主动去帮助别人

帮助别人就等于帮助自己，这是利人利己的原则，也可以称为双赢的人际关系模式。世界之大，人人都有属于自己的立足的空间，不应该将他人之得视为自己之失。但是，有些人总喜欢把它分开，以为利人则必损己，利己则必损人。于是，为了一己之利，便陷别人与水深火热之中，最后却落得一个损人害己、两败俱伤的下场。

2．礼貌待人

中国历来有礼仪之邦的美誉，礼貌待人是中华民族的传统美德，礼貌代表一个人的文明程度。尤其在当今社会，当你具备了很好的礼貌习惯，掌握了相应的礼貌知识后，你做事就很顺利，就能享受到生活的快乐和成功的喜悦。所以，当你去有陌生人的场合时，穿戴要大方、得体，与环境气氛相协调。与陌生人交谈、招呼等要礼貌、文明；另外，注意保持微笑的面孔和适当的距离。这既是一种礼貌，也是成功交往的需要。

3．引导对方谈他最得意的事

任何人都有自鸣得意的事情。但是，即使最得意、最骄傲的事情，如果没有他人的询问，自己说起来也会毫无兴致。因此，你若能恰到好处地提出一些有关这方面的问题，定使他暗暗欢喜，并因此而对你敞开心扉、畅所欲言，你与他的关系自然就会融洽起来。

4．遵守互动原则

人际关系的基础是人与人之间的相互重视、相互支持，任何人都不会无缘无故地接纳、喜欢你。别人喜欢你往往是建立在你喜欢他们，承认他们价值的前提之下的。与陌生人交往，也都是相互的。只有那种真心接纳、喜欢你的人，你才会接纳、喜欢他们，愿意同他们建立和维持人际关系，反之亦然，这就是互动原则。

5. 增加自己亮相的机会

多参加一些聚会、公益性的活动，给他人认识自己创造更多的机会。这样的场所在日常生活中是很多的，关键在于你自己去发现，如读书会、当志愿者、参加各种培训班……都可以用来拓展你的人际关系网。而且，在这样的组织中，要尽量发挥自己的长处去帮助他人，扩大自己的影响力，在别人心中留下良好的印象。

情谊值千金，从老乡到朋友

俗话说："老乡见老乡，两眼泪汪汪。"中国人的乡情很深，离家愈近，老乡的范围愈窄；离家愈远，老乡的范围愈宽。范围愈宽，则距离越重要。一个人无论是出于什么原因离开家乡，但对家乡那份感情会影响到他对家乡的人、事、物独有的亲切感。所以说，人处于他乡时，会更珍重乡情，珍爱乡谊。这是一个人的最弱环节，情商高的人总能抓住这一点关系，轻松地达到自己的目的。

香港的李先生凭着智慧与汗水创办了一个大型集团公司，经过几十年的奋斗与拼搏，现已成为香港同行业中的佼佼者。李先生虽已成家立业，但时时刻刻都在想着家乡，想着家乡的人民，现在年龄也大了，总有一种叶落归根的想法，但苦于工作太忙，无法回去。

这时，李先生的家乡为了修筑一座大桥，需要一笔不小的资金，当地千方百计筹措，才筹到了总数的三分之一，于是派出刘某去找李先生，希望能得到援助。

刘某为人很聪明，善于交际，并且很有办法。他看了李先生的详细资料后，就判断李先生这时也很有回家乡投资的意向。因此，在没有任何人员的陪同，也没有准备任何礼品的情况下，刘某独自一个前往香港，并且打包票一定会筹到款项。

当李先生听到家乡来人时，他在欣喜之余也感到有些惊讶。因为久不闻家乡的讯息，突然有人来了，该不会是招摇撞骗的吧。李先生心里不由阵阵疑心，但出于礼节，他还是同刘某见了面。刘某一见李先生这种态度，知道他还未完全相信自己。于是，他挑起了家乡的话题，只讲家乡的变化，他那生动的语言，特别是那浓浓的爱乡之情溢于言表，令李先生深受感动，也将他带回了童年及少年时期，想起了那时的家乡、那里的爷爷奶奶还有邻里亲戚……显然，李先生记忆深处中的那块思乡领地已被刘某揭开了盖头，蕴藏在心中的那份几十年的感情全部流露了出来，欲罢不能。

就这样，经过两个人的聊天，刘某对借钱一事只字未提，只是与李先生回忆了家乡的变迁，犹如放电影一般。最后，李先生不但主动提出要为家乡捐款一事，还答应了与家乡合资办厂的要求，并与刘某成为忘年交。

结交好老乡关系，对于帮助你办事成功的作用不可低估。不管怎么说，同一个地方出来的人，总是显得特别亲切。上例中的刘某巧妙利用老乡的情谊，成功地达到了目的，更给自己增加了一位可以信赖的朋友和靠山。这就是利用老乡情谊办事的最有力的证明。

第六章　广泛交友，用情商拓展人脉

中国人有着强烈的乡土观念，其表现之一就是对老乡人有一种天生的热情，特别是到外地上学或谋生之时，这种同乡感情就愈发强烈。现在，在一些大学里经常可以见到有某地学生组织同乡的联谊会，这就说明，他们那种"抱成团"的观念也确实给大多数同乡带去了实惠，解决了不少困难。社会上，这种同乡会性质的团体几乎到处都能见到。它的形式虽是没有什么大的团体，但"亲不亲，故乡人"，这种同乡观念有一定的凝聚力，在"对外"上要保持一致性。对内互相提携，互相帮助，对外则团结一致，抵御困难和外来的威胁。也是你在网罗人脉时一个重要的目标。

袁莉是北京某银行的一个普通职员，每天上班干自己那点分内事，平常不喜社交，很多同事聚会及同学聚会，她都以有事为由推掉了。

后来，单位搞竞争上岗，袁莉参加客户经理竞聘，没想到阴差阳错，竟然竞聘上了。这样一来，她的工作有了明显变化：以前每天存款取款，没什么压力；而今当客户经理，是要根据你管理的VIP客户的新增量及存量客户的存款量等系列指标来考核的。简单点说，只要你管理的VIP客户越多，业绩肯定就越好。

可是袁莉的生活圈子小，人际关系更是简单得像白纸，朋友少得可怜，更别说有钱的朋友了。所以上任后，几乎有半年时间，她的业绩都是倒数第一。

有一天，袁莉的办公室来了两位不速之客，以前袁莉也见过他们来银行办理业务，只是互不认识。坐定后，其中一位说："小袁，听说你是四川阆中人？"她说："是呀，你们怎么知道？"那人又说："这你就别问了，何总你认识吧，他也是阆中人。今天晚上有一个同乡会，何总是会长，他叫我们来请你参加。"袁莉想到自己要扩大朋友圈，于是就答应了。

两人走后，袁莉才想起来，那位何总是一个百亿元项目的负责人。

那晚的聚会上，袁莉受到了热烈欢迎，并成了同乡会的新会员。在祝酒时，何总高举酒杯，对上百同乡说："都说'老乡见老乡，两眼泪汪汪'。我们都是远离家乡在外打拼的人，有困难大家要相互帮助，我知道在座的有很多都是事业有成的人，社会圈子也广。以后，大家要把存在其他银行的钱、甚至家里的老窖都搬到小袁那儿去！"

在大家的一片叫好声中，袁莉感动得说不出一句话，从不喝酒的她，和着眼泪把那杯白酒一饮而尽。

从那以后，袁莉的业绩开始突飞猛进，短短半年里，从倒数第一变成正数第一，在她名下管理的VIP客户就达几百人，存款新增更是过亿元，而其中大部分都是她的老乡，还有老乡介绍来的熟人。

袁莉现在才体会到，正是老乡会拉近了人与人之间的距离，使大家可以相互支持、相互帮助。

现代社会，资源就是财富，广泛结交，多给自己寻找一些有用的资源，就会使自己事事顺达。而老乡就是每一个身在异地之人的特有资源，能利用好老乡这一独特的资源，或许就会带给你意料之外的惊喜与财富。

当你身处大城市，初次和人打交道时，在适宜的场合，不妨问一下对方的老家。如果碰到你的老乡，那你们的交往可以很顺利地进展下去，很快就可以找到有关你们家乡的话题。如果交际得力的话，你很快可以成为他亲密关系网中的一员，然后再利用他的关系，在他的指引中介下，可以很快结交到好人缘，进而发展自己的事业。

得贵人相助，麻雀也能变凤凰

贵人，是生活中不可缺少的人。人的一生，总会出现一些对你加以指点、扶持、提拔、抚慰、协助你渡过难关的贵人，这将直接关系到人生的飞跃和发展。因为有贵人相助，可以打开机遇的天窗，让你拨云见日，豁然开朗，直接进入成功的行列和境界；可以大大缩短努力成功的时间，提升成功的速度，使你站在巨人的肩膀上。

在社会上打拼，靠实力，也要讲关系和缘分，贵人相助是其中极为重要的一环。有时候，某人的一句话就能令你茅塞顿开，这个人就是你的贵人；有时候，某人的举手之劳帮你卸掉了重负，让你轻装上阵、信心百倍，这个人就是你的贵人；有时候，某个人不经意间的一个提示，让你豁然开朗有如神助，这个人就是你的贵人。

曹操刺杀董卓失败后，丢掉官职回到老家以图东山再起。曹操的父亲很支持儿子的事业，曹操是一名孝子，在一切大事上，都与父亲商量。做官要向父亲问做官之道，起事要向父亲请教起事之策。父亲建议他找贵人。曹操听从父亲的建议，于是找到当地与他一样同是孝廉出身的大富豪卫弘。在这个大财主面前，踌躇满志、雄才大略的曹操大谈其抱负，卫弘十分欣赏他，何况又见他在京城已经干出了几件惊天动地的大事，于是马上决定资助他起家。曹操有了雄厚的资金后，立即召集天下英雄，扬起曹家大旗。

巧妇难为无米之炊，英雄也会被一分钱难倒，干大事需要资金，投资是事业成功的关键。曹操有了大财主卫弘的资助，才有可能起家。假如没有卫弘的资助，曹操拿什么来招兵马、造兵器，又何谈三分天下？

借贵人相助，获得成功是最简捷、最有效的途径。气球飞不起来，是因为它没有被打气；一辈子都不走运的人，是因为他没有足够的人缘。生命中如果没有一个贵人出现，你的道路就会变得艰辛。对于一个渴望成功的人来说，贵人就是其生命中的一个支点，凭着它，你可以轻松撬起不轻松的人生，让自己的生命绽放美丽的火花。

每一个走向成功的人在不同阶段都得到过贵人相助，只不过自己没有察觉而已，师长、上司、前辈、朋友、同事，甚至是萍水相逢的陌生人，只要你留意都有可能成为你的贵人，贵人随时随地都可能出现在你的身边。

每个人的生命中，都可能存在着许多贵人。有的是他们主动对你伸出援手，有的需要你自己慢慢培植。所以，你不妨留心观察周遭的人，看看哪些可能是你的贵人，然后主动亲近他们，与他们保持联络，让他们对你有深刻的印象。在某个时机，他们就会发挥贵人的功能，在你事业发展的过程中助你一臂之力。

在寻找你的贵人相助时，一般要遵循以下两个步骤：

第一，将具有影响力的人作为贵人。对于一般人来说，在向成功之路迈进的过程中，应该随时随地留心周围人的品质、能力及其影响力，要用真心去结交贵人。为了赢得贵人的真诚相助，你得先付出某些东西，如真心或物质。人心都是肉长的，你长时间的付出总会有所回报。

第二，借贵人之梯，寻求贵人帮助。贵人能否在关键时刻帮助你，还要看你平时的表现。这就要求你与人交往时目光要长远，不因利小而不为，不因利大而为之。如果你与你的贵人发生了不愉快，你一定要原谅他。"小不忍则乱大谋"，这是古训。在这方面，古人也有过榜样：韩信能忍胯下之辱，张良能为黄石公拾履。平时的基础打好了，量变终将会转化为质变，也就会得来全不费功夫了。

不忘同学情谊，借同窗之谊办自己的事

同学关系对很多人来说也是非常珍贵的。毕业经过数年后，你的同学可能会分散在全国各地，从事各种不同的行业，有的甚至已成为某一行业或某一领域的重量级人物。当有需要时，凭着老同学的关系，相信会在某种程度上给你帮忙。这种老同学关系可从大学向下延伸到中学、小学，如能加以掌握，将是人生中一笔相当大的资源。

李鸣在北京经营着一家小公司，虽然发不了什么大财，但每年的生意还算兴隆，家中生活殷实富足。因此，李鸣对自己的小公司也充满了信心。几年时间过去了，公司的业务在稳定中有了长足的发展，李鸣决定趁机扩展业务。可是天有不测风云，由于不够谨慎，他的一家上游供应商出了问题，货款早已经打过去了，可是供应商迟迟没有发货。等他来到那家公司探询究竟时，发现已经人去楼空了。十几万元的货款一下子没了踪影，他的生意马上陷入了困境。他做梦也没有想到自己几年的心血，竟然在一次轻信中化为泡影了。为了维持资金周转，他必须为他的客户马上进货，可是货款都没了，又能到哪里去进货呢？

正当一筹莫展之际，他忽然想起一个人来，那就是他大学时的同学王一江。王一江大学毕业后就从事了房地产行业。他从开始的一名小小的业务员成为现在的一家建筑企业的老总，在行业内享有很高的知名度。李鸣认为自己只不过是在行业内小打小闹而已，一般情况下还攀不上王一江这个高枝。因此，他一直没有主动接近过王一江。可是现在，进货的问题迫在眉睫，他公司的生死存亡就寄托在这一线希望之上了。或许王一江能帮得了他，他找来王一江的电话号码，拨通了电话。电话那头传来了王一江的声音，王一江了解了李鸣的情况之后，为老同学的遭遇深感不幸。凑巧，王一江那里正好有一批存货。对于老同学的这个请求，他答应把自己的存货以较低的价格先转让给了李鸣，并且对付款期限给了他一定的宽限。这样，李鸣的公司有了喘息的机会，后来经过李鸣的一番努力，公司终于走出了困境。

同学关系是很重要的一项人际资源。从小学、中学到大学，与你同班同校，可称为同窗情义的人何止几百。这些人与你有着共同的经历、共同的记忆、共同的成长环境，这一点就决定了同学之间是最能相互帮助、相互协作的。从某种程度上看，同学关系又是仅次于血缘、姻缘关系的一种社会网络。或许很多毕业生都有这样一种感受，毕业之后在社会上所构建的人际关系（如同事关系），多半都带有很强的功利性，从某种程度上甚至可以说是一种赤裸裸的利益交换的关系。但相比之下，同学关系作为在学校读书期间所构建起来的人际关系，就自然地显得单纯多了，这主要因为同学之间本来就没有什么真正的利害冲突。而这种单纯的同学关系有其淳朴性的一面，利用起来处理一些事情，自然地也就显得更加简捷便利了。正所谓一提到"老同学"，就意味着是一种期待，一种信任，一种实实在在的帮助。

俗话说："十年同窗半生缘。"由同窗之情而发展出的友谊是纯洁、朴实的，有可能日后发展为长久、牢固的友谊。在现代社会，同学关系是潜在的资产。曾有一位创业者说，他在创立公司前，曾经花了半年时间到北大企业家特训班上学、交朋友。他开始的十几单生意都是在同学之间做的，或是由同学帮着做的。同学的帮助，在他创业的起步阶段起了很大的作用。同学间的资源正好形成互补，与在商界中相比，同学间的信任度更高，合作起来自然成功率也更高。

　　某木材厂销售部门经理张大亮，听说某公司要进一批木材，正在联系货主。于是，张大亮和该公司联系，但是他发现已有数家木材公司同时和这家公司联系，竞争十分激烈。张大亮通过调查该公司人员材料发现，该公司的一部门经理竟时自己高中时的同学刘伟，虽然张大亮与其很多年没见面了，但是张大亮还是决定约见刘伟。

　　周六晚上，张大亮和刘伟二人在一家饭店相聚。见面后，自然是感慨万千，各自唏嘘不已。一阵寒暄后，张大亮就谈起了高中时的往事：

　　"刘伟，不知你还记不记得高一时我们的那次春游。那时真是天真烂漫，记得爬山时的情景吗？咱班的马丽丽怎么也爬不动了，让你拉她一把，你脸红得不得了，还不好意思拉人家。"

　　刘伟不好意思地笑了起来："我那时哪有那么大的胆子，不比你，用一条橡皮蛇吓得女生们都不敢往前走了，还是我揭穿了你的诡计，把你的'蛇'扔到了山下，你还吵着让我赔来着。"说着，两个人都笑了起来。

　　两个人又谈起了高中时的许多往事，不禁越谈越来劲，越谈越动情，两个人都落了泪。

　　时间已经不早了，两个人又聊到了当前的工作，张大亮顺势说："我们公司最近有一批好木材，质优价廉，听说你们公司正需要，怎么样，咱兄弟也合作一回吧？"

　　当时的刘伟还正沉浸在高中的记忆之中，一听到老同学有所求，自己公司又需要，二话没说，当即就说："这不是太容易了嘛。回去我就跟采购部经理说，凭我和他的关系，保证没问题。"果不其然，几天后，在老同学的帮助下，张大亮顺利地签了购销合同。

张大亮正是利用与刘伟的这层同学关系，先勾起对方的回忆，再顺水推舟，提出合作之事，刘伟也乐得做个人情。双方既增进了友情，又做成了生意，可谓是一举两得。

谁没有几位昔日的同窗？说不定你的音容笑貌还存留在他们的记忆中。如果你还想成就一些事业，就千万不要把这种宝贵的人际关系资源白白浪费掉。一位在复旦大学爱立信中国学院的MBA班就读的胡先生曾经表示，读MBA有两大目的，一是学习爱立信的一流管理经验，二是多交些朋友。胡先生认为自己是从事市场推广工作的，人际关系特别重要，真关系比什么都有用得多。念这个MBA国际班的都不是等闲之辈，与今日的同学成为朋友，就意味着明日的财富。

同学关系是一个人成就事业的好帮手，如果不能加以开发、利用，实在是一种巨大的浪费。然而走入社会后，很多同学之间的情义变得越来越淡了。这一方面，取决于各自的变化；另一方面，不同的工作环境和经历，繁忙的工作节奏，以及相互攀比和不平衡的心态使得许多人不愿意重续同学旧情，同学之间视若路人的情况也是屡见不鲜的。

转眼间，刘浩已经毕业多年，在几年的东奔西跑之后，终于在上海某公司当了一名业务员。今年，他奉命去广州联系一项业务，到了那儿才发现，对方公司的客户经理江涛正是自己的大学同学。刘浩很高兴，心想看在老同学的面上，对方怎么也会照顾着点。谁知道江涛对他并不热情，根本没有一点照顾他的意思。这让刘浩又怨又气。刘浩回到上海后，逢人就说同学关系靠不上，他不知道江涛也在对别人说："就是一个大学同学，毕业以后从来都没跟我联系过，要办事时想到我了。我又不是垫脚石，用得着时搬过来，用不着时就踢过去。"

刘浩平时不注意与同学交朋友，结果在需要同学帮忙时碰了钉子。这并不奇怪。你在和老同学分开后不相往来，有事时再去找人家，人家怎么会乐于帮忙呢？

同学有时候会在很关键的时刻帮上你一个大忙。但是值得注意的是，平时一定要注意与同学培养并联络相互之间的感情。只有平时经常联络，同学之情才不至于越来越疏远。只有这样，同学才会甘心情愿地帮助你。

这大千世界，茫茫人海中，彼此能成为同学，实在是缘分不浅。虽相处时间都不是很长，但这中间的关系是值得珍惜与持续下去的。如果你与同学分开后，还能保持一种相互联系、历久弥坚的关系，对你的一生，或者说对你将来所要达到的目标与理想是会有很大好处的。这其中有利的方面，也许是很多人从未想到过的。

同学之间的关系，是社会中人们最为亲近的一种人际关系，只要你用心去与同学交往，同学就会成为你成就事业的最为重要的人脉资源之一。从现在开始，你要努力地去开发、建设和使用这种关系。

搞好同事关系，让同事为你添砖加瓦

同事关系，是人们最为重要的社会关系之一。在同一个公司或部门工作，为了同一个目标和共同的利益而共同奋斗，特别是因为在一起共事，友谊会自然而然地产生。一个人和家人相处的时间和与同事相处的时间几乎差不多，如果在办事时不会利用同事关系，不但有些事办起来费劲，还容易让人觉得你没有人缘。有研究显示，公司中有好朋友的人比其他人有更好的事业发展空间。所以，一定要学会与他人良好的相处，并善于利用身边的资源，巧妙利用同事为自己办事。

小瑞中专毕业后，在一家企业担任办公室文员。看着很多比自己学历高、有着相当工作经验的竞争对手做起事来游刃有余，很轻松的样子。她很自卑，很不自信，觉得自己有多么不如人家，为了这些还曾经偷偷地哭过。后来，她听从了一个老同事的建议，利用自己打字速度快的特点，在完成本职工作之余帮助公司的同事打一些资料，因此结识了不少公司里的职员朋友，在工作中得到了他们不少的指点，工作起来也越来越得心应手了。后来，她以自己不凡的工作业绩击败了竞争对手，终于在办公室站稳了脚跟。

可见，同事在你的工作中起着很大的作用。在你碰到难题时，经过他们的指点，你就会豁然开朗。所以说，与同事处好关系，也是你人脉关系中很重要的一项。

同事是职业人生最大的财富，无论是现在的同事还是老同事，都会因朝夕相处而成为朋友。珍惜这种职业友谊，它不仅能在你不开心的时候为你找到快乐，让你寂寞时不觉得孤独，还会影响你的未来。

徐非在一家培训公司打工，和自己部门的李主任关系特别好。正是这位老大哥的提携，令徐非迅速完成了从打工仔到老板的飞跃。

谙熟培训业务的徐非有一个梦想，希望能有机会独当一面。李主任正是给这些梦想搭建舞台的人。他引见了一个报社的领导给徐非，双方在磋商之后一拍即合，决定在《经济观察报》下面成立一个新的培训部门，这个部门由徐非承包，主要是开办高级管理培训课程。

徐非说："为此，《经济观察报》还送了我一间办公室，我自己招了员工，业务就这样开始了。这对我来说绝对是个转折点。因为《经济观察报》本身有非常好的品牌，这给我提供了积累更多人脉资源的机会，也给我更多施展才能的机会。"

当时美国的大型培训公司之一在中国开拓业务，徐非和他们达成协议，由徐非为他们作免费宣传，而这家公司从美国请来著名的学者为他的管理培训课程授课，不收取徐非任何费用。"《经济观察报》对此觉得非常满意，因为这么有名的大人物对提升报纸的品牌大有裨益。而这家培训公司也觉得很满意，因为我为他们做了宣传和推广。"这个案例，徐非自己说起来都忍不住大笑。显然，这时候他已经学会了如何整合手中的人脉资源来为自己的事业添砖加瓦了。同时，由于培训课程吸引了很多实业界的老总参加，这给徐非打开了一个新的天地。

同事是自己工作中联系最为紧密的人，如果和他们搞好关系，工作起来就会如鱼得水，就会事半功倍，甚至能够帮助自己登上一个新的台阶。

同事是与自己一起工作的人，与同事相处得如何，直接关系到自己工作、事业的进步与发展。如果同事之间关系融洽、和谐，人们就会感到心情愉快，有利于工作的顺利进行，从而促进事业的发展；反之，同事关系紧张，相互拆台，经常发生摩擦，就会影响正常的工作和生活，阻碍事业的正常发展。同事之间有很多共同语言和共同目标，要想融洽相处，其实也很简单，那就是注意自己的为人处事，处理好同事关系。

1. 把握好交谈的尺度

和同事聊天交谈之时，不要"打破砂锅问到底"，彼此心照不宣就足够，要考虑对方的心思，给对方留足面子，这样比较容易获得对方的好感。同时，不要涉及对方的隐私，这是对同事起码的尊重。要远离飞短流长，它是职场中杀人不见血的刀，被流言困扰的人，心灵上会造成很大的伤害。因此，无论是从人格还是道义上讲，都不要让自己卷入其中，以免误人误己。

2. 相互帮助

俗话说得好："一个篱笆三个桩，一个好汉三个帮。"同事间只有互相团结、相互支持、互相帮助、相互尊重、亲如一家，才能营造一个和谐的工作环境。人们经常能听到这样一句话："与人方便，与己方便。"工作中如果没有了关怀和爱心，同事之间就无法和睦相处。有时候，你必须为他人的利益着想。如果只站在自己的角度而不顾别人，那么你就可能受到排挤、攻击。不给他人方便的人，自己也难有好的结果，不爱人等于不爱己。

3. 相互尊重

在人际交往中，自己待人的态度往往决定了别人对自己的态度。因此，你若想获取他人的好感和尊重，必须首先尊重他人。同事之间，不管能力和水平有多大的差异，都应对他人有必要的尊重。对那些水平比你高、能力比你强的人，也不要表现出缺乏自尊与自信，这样往往让他瞧不起。对那些不如你的同事，不要盛气凌人，因为这样会由于不尊重而导致正常交往的失败。不要在他人面前说绝对话、过头话，不要扫他人兴，不要以质问的口气对人说话，这些都是对别人的不尊重。相反，在你出现错误时，要勇于承认错误，并适时地请求别人的帮助。承认你需要帮助，会容易与和你一起工作的人打交道，而告诉别人你从某个错误中学到了什么，则证明你并没有把自己看得高人一等，让人感到你容易相处。

4.不要信口允诺

言必信、行必果，在同事交往中非常重要。一出口，就要考虑到责任感，没有把握或做不到的事，不要信口允诺，不能空口说大话。允诺了的事，不管有多么困难，也要千方百计地去兑现。如果因其他意外的原因未能办成，应诚恳地向对方解释说明，并致以歉意，不可不了了之。在做事或工作中要有毅力，有持之以恒的决心，凡经过考虑成熟的事就要善始善终，绝不中途松懈，虎头蛇尾。这样，在人际交往中才能表明你是个有见地、有能力和可以信赖的人。

5.真诚相待

同事间相处具有相近性、长期性、固定性，彼此都有较全面深刻的了解。要特别注意的是真诚相待，不能以"礼"行虚，一个人如果给同事的印象是"虚礼"，他就不能赢得同事的信任。信任是联结同事间友谊的纽带，真诚是同事间相互共事的基础。同事之间的工作受阻，或者遇到挫折和不幸时，往往是相互之间真诚和信任的重要时机。在这种关键时刻，要特别留心，把同事的境遇挂在心上，及时给对方真诚的关心和帮助，才能使同志式的友谊地久天长。在同样的工作条件下，相互的爱憎都较接近，至少相互比较熟悉。因此，处理各种事情时，只有设身处地替他人着想，在自己的言行付诸行动之前想一想别人这样对待自己时会怎样，长此下去就会获得别人的赞赏。

6. 求同存异

同事之间由于经历、立场等方面的差异，对同一个问题会产生不同的看法，引起一些争论，一不小心就会伤和气。因此，与同事有意见分歧时，一是不要过分争论。客观上，人接受新观点需要一个过程，主观上往往还伴有"好面子""争强好胜"的心理，彼此之间谁也难服谁，此时如果过分争论，就容易激化矛盾而影响团结。二是不要一味"以和为贵"。即不要在涉及原则问题时也不坚持、不争论，随波逐流，刻意掩盖矛盾。面对问题，特别是在发生分歧时要努力寻找共同点，争取求大同存小异。实在不能一致时，不妨冷处理，表明"我不能接受你们的观点，我保留我的意见"，让争论淡化，又不失自己的立场。

7. 平等待人

同事当中，有在各方面条件都占有优势的佼佼者，也有身处劣势的平凡人；有的人处世头脑比较敏捷机灵，有的人则比较木讷呆板；甚至在人的长相上，也有容貌俊逸和其貌不扬之分。但无论同事的主、客观条件孰优孰劣，你在与同事相处时，都一定要注意平等待人，尤其是在人格上要一视同仁。如果你在与同事相处中明显地表现出趋炎附势，甚至为了一己之利，搞起了小圈子和小山头，那么，你势必会遭到其他同事的反感甚至憎恨。这样，就等于在你周围的人际环境中埋下了隐患，一旦条件发生戏剧性变化，你就会尝到苦果。

总之，搞好同事关系是一门艺术。所有的人都需要不断地学习和实践、才能臻于娴熟。只要你根据自己的具体情况，作一个自我分析，从而冲破自我封闭的篱笆，虚怀若谷，就可以建立和谐的同事关系。

处理好邻里关系，远亲不如近邻

俗话说："远亲不如近邻。"在现实生活中难免出现一些意想不到的应急事情，就非常需要帮忙，而亲人又不能及时赶到，问题不能及时解决，此刻就会出现待援无助的局面。邻里相距咫尺之遥，只有一墙一门之隔，第一个出来帮忙的可能就是邻居。

在一个居民区里住着这样一对邻居，东面的男主人是一家企业的老板，西边的男主人是一名普通的银行职员。他们相邻将近十年，而且每天上下班在楼道中无数次擦肩而过，从来都没有打过招呼。有一天早晨，东面的男主人还没有穿外衣就走出房门去放垃圾桶，可是就在他转身的一刹那，听到身后"砰"的一声，一阵风吹来，把他们家的房门牢牢地锁上了。但此时，他只穿着睡衣，趿拉着拖鞋。他一下愣在那儿了，不知道自己该怎么办才好，后来想要给已经上班的妻子打电话，但是刚起床，所以在他出来的时候手机也没有带在身上。他想借用邻居的电话，但是不知道邻居的名字，正这个时候，西面的男主人出门上班，看到他那副形象，很乐意帮忙，然后借用电话给他的妻子打通电话。就这样，在邻居的帮助下，事情解决了。

可见，生活上的事与日常的琐事都离不开你的邻居。无论你的邻居能力有多小，有些事可能还真离不开他。所以，那种"人人自扫门前雪，莫管他人瓦上霜"的方法实在不可取。

邻里关系是一种十分重要的人际关系。邻里之间，抬头不见低头见，接触十分频繁，彼此之间一些事更是相求不断。今天你求我，明天我可能会去求你。因此，处理好邻里关系，做到互敬、互信、互助、互让，和睦相处，在日常生活中显得格外重要。

邻居关系处好了，是人生一大福气。现在的人常常叹息，一座座的水泥房将相互的关系隔绝开来，老死不相往来。人们的叹息是渴望有一种和谐的邻居关系，其实说复杂也复杂，说简单也简单，好话一出三冬暖，见面一声问候，邻居就逐渐熟悉起来，就有了亲情。

邻里关系是简单但经常用得上的关系。邻里近在咫尺，他们的适时照顾、帮助能解燃眉之急，大事小事离不开邻居。邻里之间本应该互助互利，但你必须努力去争取，才能够得到帮助。生活中，有一个好邻居，建立一种好的邻里关系，会使大家在家在外办起事来又顺手又方便。

邻居是人们必须接触的最小单位。一定要学会把邻居的关系搞好，邻居就在你身边，他们可以随时随地给你帮助与照顾，能解燃眉之急。

邻里之间在彼此了解基础上的相互关照、相互帮助，是人们生活中不可或缺的一项内容。作为邻居，低头不见抬头见，要处理好双方的关系。那么，如何与邻居成为朋友呢？应做到以下几点：

1. 互相尊重

邻里相处必须遵循人人平等、家家平等的原则。邻里之间，不论从事什么职业，担任什么职务，只是社会分工不同，没有高低贵贱之分。大家都生活在社会中，都享有法律规定的同样的权利，负有同样的义务。邻居相处必须明确这一点。这样，才能不自卑，不自傲，互相尊重，友好相处。

2. 互相往来

主动与邻居交往，建立团结友爱的邻里关系。对邻居要一视同仁，不要因邻居职业的不同和职位的高低而采取不同的态度，也不要有势利眼，对自己有用有利就交往，无用无利则不交往。对邻居来串门，要热情欢迎，礼貌相待。平时，邻里间相见要互相打招呼或点头示意。

3. 互相帮助

一方有难，八方支援，何况邻里之间，更责无旁贷。邻居家有困难，要主动帮忙，日常生活中要互相关心。关心邻居家里发生的事，遇到开心的事，你要替他高兴，遇到不如意的事，能帮就帮，不能帮就给他提建议。

4. 互相谦让

邻里之间，难免有磕磕碰碰。遇到了矛盾，要严于律己、宽以待人、互相谦让、互相谅解，不能恃力逞强、以势压人。

先交朋友，后做生意

"朋友多了路好走。"无论哪一行，都要先交朋友，后做生意。先赚人气再赚财气。这样，可以尽可能地减少摩擦和阻力。其实这就是商场上的政治学。能够正确处理好与客户之间关系的高手，往往能够在商场中长袖善舞，并能游刃有余地处理关于客户的各种复杂关系，从而广结善缘、广揽合作，进而广开财路、广辟财源。

有一条古老的商业格言说："条件一样，人们想和朋友做生意；条件不一样，人们还是想和朋友做生意。"据估计，半数以上的销售是因友谊而做成的，半数以上的商业关系也因友谊而得以保持。所以，如何成为客户所喜欢的人，并与客户建立良好的关系至关重要。

有一位销售员经常去拜访一位老太太，打算以养老为理由说服老太太购买股票或债券，为此，他就常常与老太太聊天，陪老太太散步。经过一段时间，老太太就离不开他了，常常请他喝茶，或者和他谈些投资的事项。然而不幸的是，老太太突然去世了，这位销售员的生意泡汤了，但他仍然前往参加了老太太的葬礼。当他抵达会场时，发现竞争对手也送来了两只花圈，他很纳闷："究竟这是怎么一回事呢？"

一个月后，那位老太太的女儿到这位销售员服务的公司拜访他。据她表示，她就是竞争对手公司的经理夫人。她告诉这位销售员："我在整理母亲遗物的时候，发现了好几张您的名片，上面还写了一些十分关怀的话，我母亲很小心地保存着。而且，我以前也曾听母亲谈起过您，仿佛和您聊天是生活的快事，因此今天特地前来向你致谢，感谢您曾如此关心我的母亲。"

夫人深深鞠躬，眼角还噙着泪水，又说："为了答谢您的好意，我瞒着丈夫向您购买贵公司的债券。"然后拿出40万元现金，请求签约。对于这种突如其来的举动，这位销售员大为惊讶，一时之间，无言以对。

这是发生在销售界的一个真实的故事，有些人可能认为这份合约来得太突然、太意外，其实不然。老太太的女儿之所以会这样做，就是因为被他的爱心所感动，才买下该公司的债券。

人们常说："爱心有多大，事业就可以做多大。"这是很有道理的观念。付出真诚，让客户感受到你的关心，就能赢得客户。所以，如果你要想让客户成为朋友，就要像朋友那样去关心他。只有你把客户当成了朋友，你成功的机会才会越来越多，路才会越走越宽。

　　小吴刚当销售员不久，业务也不是很懂。在一个周末，有一位年约50岁的归国华侨去他那儿办理好几笔存单的密码挂失，而里面有一张存单是他妻子的。当时，小吴也不是很清楚会计制度，就叫他提供两人的关系证明。那客户也不嫌麻烦，来回好几趟把他所能提供的证明都给了小吴，里面包括他个人的身份证、护照、他们的结婚证、他妻子的身份证，家人的户口本。

　　那时已临近下班，小吴的接班人发现这是不可受理的业务。小吴有深深的负罪感，因为是自己的失误让客户足足等了几个小时，还让他这么来回跑，最终却不能帮他解决问题，小吴感到很尴尬，可是客户笑呵呵地说没有关系。

　　后来，这位客户主动跟小吴联系，有次还跑到柜台放下几百元人民币说给他买水果，小吴当然没有拿这笔钱，而是在领导的陪同下当晚就送回。后来问起他为什么对小吴那么好，他却说小吴为人热情，虽然从前不认识，但是他像朋友一样。最后，两人真成了很好的朋友，并一直保持着联系。

　　有句话说得好："做生意，就是做关系。"主动地帮助别人和客户，就是在做关系、做人情。关系处到位了，人情做足了，客户自然会对你心怀感激，也就自然会来帮助你，成就你的事业。所以说，做生意就是交朋友。当你不断地与客户建立牢固的友谊时，你便有了广泛的人际关系，那时离成功也就不远了。

　　俗话说："感人心者，莫先乎情。"这种"情"就是指人的真情实感，只有用你自己的真情才能换来对方的情感共鸣。你的真情是赢得客户的唯一正确的选择，虚伪虽然可以一时得逞，但天长地久必然还是真诚才能够获得对方的欣赏。对客户真诚是获得友谊的秘诀，是获得好声誉的最好的方法。所以，如果你不想失去客户，就要拥有一颗爱人之心，努力营造彼此友善相处的良好沟通氛围，这样才会无往不胜。

第七章　融洽关系，提升个人影响力

不要急功近利，平时多去冷庙烧香

在处理人际关系时，有些人喜欢急功近利，追求短期效应，现用现交，有事了才想起去求别人，又是送礼、又是送钱，显得分外热情，恨不能讨好一切人，应酬好一切关系。这是拙劣低下的表现。说其拙劣低下，因为它是一种虚假。

人们自然喜欢结交现在看来就很有价值的朋友，但是，谁都不会知道明天的命运会怎样。为人处世，还需要长远眼光。正所谓"风水轮流转"，那些曾经落魄的人，也许要不了多久，就会变成人人都巴结的关键人物。所以，积累人脉不妨把目光放长远，拜拜冷庙，烧烧冷香，结交几位落难英雄。常言道："时穷节乃现，患难见真情。"在困难中得到的帮助，谁都会牢记不忘，感受也更为深刻，这时候结下的友情才最有价值、最令人珍视。

有一个刚进一家合资医药企业的小伙子，一次拜访一家三甲医院的临床主任，一个认识他的医生在走廊里拦住他说："你不要拜访他了，他下台了，已经不是主任了。"

原来的主任是这家医院表彰的"杰出专家"，性格狂傲暴躁，有点恃才傲物，据说半年前竟然指着鼻子把院长骂了一顿，要倒霉也是意料之中的事。

　　这位小伙子不愿做落井下石的事，觉得拜访新主任是迟早的事，下台的那个要是现在不去以后见面就尴尬了。所以，他问明了新旧两位主任的办公室位置之后，站在原地犹豫了一下，还是带着准备好的礼品先敲响了前主任的门。

　　那位前主任正在办公室闭门思过。这位小伙子的到来很让他惊讶。他爱理不理的，直接说以后别找他了，他不是主任了，有事可以去找新主任。这位小伙子把礼品拿出来说："新主任我以后会去拜访，不过这并不妨碍我拜访您啊！您是我们公司的老朋友了，我就是来拜访公司的老朋友的呀！"这位前主任很意外，语气也客气了些，给这位小伙子写了新主任的名字和办公室门牌号，说以后合作上的事找她去。小伙子只好知趣地告辞，说："那您先忙吧，我下次再来拜访您。"前主任说："还忙啥呀？主任也不当了，没什么可忙的了！"这位小伙子还真有点初生牛犊不怕虎的劲头，听见前主任的这句话，转回身说："您怎么有这样的想法呢？"主任显然牢骚满腹，一时还不适应角色调整，站在办公桌后茫然四顾说："不当主任了有什么可忙的？"这位小伙子一时兴起，就脱口而出说道："不当主任了，您还有自己的专业啊，您照样是杰出专家啊。不当主任，关起门来钻研学问也好啊。要是都像您这么想，那我们这些大学毕业了却不能从事本专业的人，岂不是都不要活啦？"

　　前主任愣了一下，可能还没人敢这样对他说话，尤其是一个小小的业务员，竟然敢用这种语气和自己说话。这位小伙子也觉得自己不礼貌，赶紧拣好听的说："像您这样的性格一定喜欢李白的诗吧？《将进酒》中有两句是'天生我材必有用，千金散尽还复来'。写得多好，您忘了吗？"这几句话说得前主任很感动，找出纸笔让这位小伙子写下作者和标题来，说他去查原文。临出门的时候，这位小伙子转过头对着前主任说："其实很多时候环境是无法改变的，如果我们无法让自己完全妥协，至少我们可以决定自己面对逆境时的态度。不论在什么环境条件下，我们都应该尽自己最大努力去创造发挥自己，这样才不会后悔。"这位小伙子凭着自己刚毕业时的意气风发，对这位前主任好好劝导了一下，话虽然说得有点刺耳，但是对于这位前主任来说已经足够了。

谁也没有想到，那位前主任竟然在三个月之后又恢复职位了。这位小伙子的业绩可想而知了。

后来，这位小伙子因为工作成绩突出而调走了，这位前主任还念念不忘，多次到他的公司询问他的下落。

多个朋友多条路，故事中的小伙子就因为不嫌弃落难朋友，因而给自己打开了一条路。所以，交朋友要有长远眼光，眼睛不能只盯着炙手可热的权势人物，冷庙也得多烧香。这样办起事来，你的路子才会四通八达。

俗话说："三十年河东，三十年河西。"人的一生不可能一帆风顺，挫折、背运是难免的。一个人落难，正是对其周围的人特别是对其朋友的考验。远离而去的人可能从此成为路人，同情、帮助他渡过难关的人，他可能铭记一辈子。

有一个人曾担任某公司总经理，每年年底，礼物、贺卡就像雪片一般飞来。可是当他退休之后，所收的礼物只有一两件，贺年卡一张也没有收到，以往访客往来不绝，而这年寥寥无几。正在他心情寂寞的时候，以前的一位下属带着礼物来看他。他在任职期间并不很重视这位职员，可是现在来拜访的竟是这个人，不觉使他十分感动。过了两三年，这个退休的总经理被原来的公司聘为顾问，当然很自然地就重用提拔这位职员。因为这位职员能在没有利益关系的情况下登门拜访，在他心中留下了很深刻的印象，让他产生了"一旦有机会，我一定得好好回报他"的想法。

俗话说得好："晴天留人情，雨天好借伞。"一个人失势时，经常会遭到众人的漠视，原来与他交往密切的人都离他而去。如果此时你伸出援助之手，与之交往，他就会心存感激，铭记一辈子。对失势的人说一句暖心的话，就像对一个将倒的人轻轻扶一把，可以让他得到支持和宽慰。

"人情冷暖，世态炎凉。"趁自己有能力时，多结交些潦倒英雄，使之能为己而用，这样你将来的发展才会无穷。

人情往来最忌目光短浅，平时不屑向冷庙上香，事到临头再来抱佛脚就来不及了。一般人总以为冷庙的菩萨不灵，所以才成为冷庙。其实，英雄落难与壮士潦倒都是常见的事。只要一朝交泰、风云际会，仍是会一飞冲天、一鸣惊人的。

从现在起，多注意一下你周围的朋友，若有值得上香的冷庙，千万别错过了才好。

保持适当的距离，君子之交淡如水

处理好人与人之间的距离，是处世的学问，而距离就在淡与浓之间，就看你如何去把握了。与朋友该淡则淡，该浓则浓，这才是交友的真谛。

何谓"浓淡相宜"？简单来说，就是不要太过亲密，一天到晚在一起。也就是说，心灵应贴近，但形体应该保持距离。如此一来，能使双方产生一种"礼"，有了这种"礼"，就会相互尊重，避免碰撞而产生伤害。

第七章 融洽关系，提升个人影响力

有这样一个寓言故事：

在冬天来临时，森林中有十只刺猬冻得直发抖。为了取暖，它们只好紧紧地靠在一起，却因为忍受不了彼此的长刺，很快就各自跑开了。

可是天气实在太冷了，它们又想要靠在一起取暖，然而靠在一起时的刺痛使它们又不得不再分开。

反反复复地分了又聚，聚了又分，刺猬们不断在受冻与受刺两件痛苦之间挣扎。最后，刺猬们终于找出一个适中的距离，既可以相互取暖又不至于被彼此刺伤。

人与人之间的关系就像两只刺猬相处一样，靠得太近则相互受伤，离得过远则觉得寂寞。只有保持适当的距离，才能彼此得到对方的温暖，而又不会因为太近而伤害对方。因此，不妨多学一点刺猬的相处哲学，或许你就能与朋友相处得更好。

李强和王建两人在上大学时是好到可以穿一条裤子的铁哥们。毕业后，两人合租一套房子。但大大咧咧的李强依旧像以前那样，总是随意闯进王建的房间，乱翻东西，躺在沙发上看足球赛，一看就是大半夜，就像是自己屋一样。这一切都让王建感到厌烦，但因为是老朋友了，王建一直保留着对李强的忍耐。而李强也没意识到这样相处的危险，照样我行我素。

有一天，王建的妈妈突然生病住院。王建赶回家取钱时，才发现柜子里居然是空的。这时，李强来了，王建看见李强身上穿着自己女朋友买的毛衣，心里又添了一股气，问："柜子里的钱哪儿去了？"李强一点也没发现王建的脸色不对，懒洋洋地说："女朋友过生日，我还没发工资，就拿你的钱请她吃顿大餐，买了条项链，钱就没了。"王建冷

冷地看着他："你凭什么不经同意就拿我的钱？"结果，两人大吵了一通，彻底闹僵了，王建搬出去了，两个好到可以穿一条裤子的铁哥们儿从此中断了联系。

李强错就错在对朋友太随便，要知道两个人即使关系再好，也是相互独立的两个人，也有彼此不同的家庭生活，彼此之间还是要保持合适的距离，互相尊重为好。

朋友之间需要保持一定的距离。无论是怎么样的朋友，无论关系多么密切，距离都是非常重要的。莫洛亚曾说过："朋友间保持适当的距离，能给双方美化升华的机会。"所以，如果希望友谊长久而稳定，你就要把握好交往的分寸。距离是一种美，也是一种保护。过于亲密或过于疏离都不利于长久地保持友谊。

小林是某公司的业务员，他因工作认真、勤于思考、业绩良好而被公司确定为中层干部候选人。只因他无意间透露了一个属于自己的秘密而被竞争对手击败，终未被重用。

小林和同事周勃私交甚好，常在一起喝酒聊天。一个周末，他备了一些酒菜约了周勃在宿舍里共饮。两人酒越喝越多，话越说越多。酒已微醉的小林向周勃说了一件他对任何人也没有说过的事。"我高中毕业后没考上大学，有一段时间没事干，心情特别不好。有一次和几个哥们喝了些酒，回家时看见路边停着一辆摩托车。一见四周无人，一个朋友撬开锁，由我把车给开走了。后来，那朋友盗窃时被逮住，送到了派出所，供出了我，结果我被判了刑。刑满后，我四处找工作，处处没人要。没办法，经朋友介绍，我才来到厦门。不管咋说，现在咱得珍惜，得给公司好好干。"

后来，公司根据小林的表现和业绩，把他和周勃确定为业务部副经理候选人。总经理找他谈话时，他表示一定加倍努力，不辜负领导的厚望。谁知道，没过两天，公司人事部突然宣布周勃为业务部副经理，小林调出业务部另行安排工作岗位。事后，小林才从人事部了解到是周勃从中捣的鬼。

原来，在候选人名单确定后，周勃便去总经理办公室向总经理谈了小林曾被判刑坐牢的事。不难想象，一个曾经犯过法的人，老板怎么会重用呢？尽管你现在表现得不错，可历史上那个污点是怎么也不会擦洗干净的。知道真相后，小林又气又恨又无奈，只得接受调遣，去了别的不怎么重要的部门上班。

可见，好友亲密要有度，切不可因关系密切而无所顾忌。正如中国一句古话："见面只说三分话，未可全抛一片心。"所以，什么话该说，什么话不该说，你心里要有数，不能什么都随便乱说。所谓随便乱说，是指不区分事情的内容，不区分说话对象，见人就说，想说就说。换句话说，如果你觉得有些事必须要说，一定要想想：这件事能对他讲吗？之所以建议你如此谨慎，是因为人最容易在自己最好最亲密的朋友身上吃亏的，上面的事例就是一个很好的证明。尽管这种情形不一定会发生，但你必须提防。

余梅把张莉看成比一日三餐还重要的朋友，两人同在一个合资公司当公关小姐。虽然劳动纪律非常严格，交谈机会很少，但她们总能找到空闲时间聊上几句。

下班回到家，余梅的第一个任务就是给张莉打电话，一聊起来能达到饭不吃觉不睡的地步。

星期天，余梅总有理由把张莉叫出来，陪她去逛街、购物、吃饭。张莉每次也能勉强同意。余梅可不在乎这些，每次都兴高采烈，不玩一整天是不回家的。

　　张莉是个有心计的姑娘，想在事业上有所发展，就偷偷地利用业余时间学习电脑。星期天，张莉刚背起书包要出门，余梅打来电话要她陪自己去商场买衣服。张莉解释了大半天，余梅才同意张莉去上电脑班。可是张莉赶到电脑班，已迟到了15分钟，张莉心里老大的不痛快。

　　第二个星期天，余梅说有人给她介绍了个男朋友，非逼着张莉一起去相看相看，张莉说："不行，我得去学习。"余梅怕张莉偷偷溜走，一大早就赶到张莉家死缠活磨，张莉没上成电脑班。最终，余梅的男朋友也吹了。张莉郑重声明，以后星期天要学习，不再参加余梅的各种活动。

　　余梅一如既往，满不在乎，认为好朋友就应该天天在一起。有的星期天照样来找张莉，张莉为此甚至躲到亲戚家去住。这下子，余梅可不高兴了，认为是有意疏远她。余梅说："我很伤心，她是我生活中最重要的人，可她一点也觉察不到。"

　　余梅的错误在于，首先是她没有觉察到朋友的感觉和想法，过密的交往几乎剥夺了张莉的自由，使张莉的心情烦躁，不能合理地安排自己的生活。所以说，再好的朋友也需要保持一定的距离，给彼此留有一些空间，有时太过亲近，不小心失了分寸，就会造成彼此的紧张和伤害。

　　距离并不是情感的隔阂，保持适当的距离可以让友谊获得新鲜的空气。交友时，要把握好交往过程中主客体间的空间距离、心理距离，要考虑到双方彼此间的关系、客观环境因素，给对方一定的空间。这样做不仅仅是为了自身，更是为了友谊的长久。

　　朋友之间保持一定的距离，为的是使自己的友谊之花开得更长久，如果你有了自己的好朋友，与其因为太接近而彼此伤害，不如适度保持距离，以免碰撞，而且能增进对方的感情。所以，保持一定距离就是给自己留出一个空间，也给对方留出一个空间，每个人都有了自己的空间才会和谐相处。

给对方面子，等于守住彼此的融洽关系

中国人历来十分看重自己的面子。所谓："人要脸，树要皮。"无论做什么事都会考虑到自己的面子。面子到底是什么东西呢？说白了就是尊严。谁都希望自己在别人面前有尊严，被人重视，被人尊重。因此，在与人交往时，为自己争得面子的同时，别忘了给别人也留些尊严，这一点是非常重要的。

一次在酒家里，一位外宾吃完最后一道菜，顺手把制作精美的景泰蓝食筷"放入"自己的口袋。

这时，一位服务小姐看到了，但她并没有当场给顾客难堪，而是不露声色地迎上前去，双手捧着一只装有景泰蓝食筷的绸面小匣说："先生，我发现您在用餐时，对我国景泰蓝食筷颇有喜爱之意。非常感谢您对这种精细工艺品的赏识。为了表达我们的感谢之情，经经理同意，我们把这双图案最精美的景泰蓝食筷赠送给您，并按最优惠价格记在您的账上，您看好吗？"

那位外宾自然明白这些话的弦外之音。在表示谢意之后，他借口多喝了两杯酒，误将食筷插入衣袋，借此下了台阶。

这位服务员真是机智又善良，因为她懂得给人一个台阶。金无足赤，人无完人。在生活中，谁都可能有错误和失误，谁也有可能陷入尴尬的境地。因而，给人一个台阶，给人留点面子，是为人处世应遵循的原则之一。

在人际交往中，要想与别人建立和谐的关系，就必须懂得为他人保留面子。人际关系是相互的，你希望别人怎样对待你，你就应该怎样对待别人。尊敬别人，给别人面子，其实也是给自己留下了余地。如果你处处不给人留面子，别人就会对你心存怨恨，也不会顾及你的情面，和你找麻烦。相反，如果你给了别人面子，让别人的虚荣心得到了满足，别人也会如法炮制，心照不宣地给你面子。

每个人都要力争保住自己的面子，这关系到自己的尊严和地位。给别人留些面子，这也是施恩于别人的一种方式。

有一天，几个同事一起吃饭，席间谈笑风生，气氛很好。老王和小陈的女友小孙聊得甚是投机，但一件小事使得这次聚会变得很不和谐。小孙是大学函授专科，但碍于面子，撒了个小谎说自己是正式本科毕业。没想到老王对她所说的母校甚是熟悉，于是打破砂锅问到底，结果使小孙露了馅，弄得场面好不尴尬。从此，老王和小陈的关系也渐渐地淡了下来。

由此可见，一个人说话办事，如果不懂得给别人留些情面，不识相，就会造成彼此的尴尬与不愉快。席间，小孙说的时候神色已有几分不自然，老王也不是糊涂人，应该顺水推舟，可是他却不知趣，非要和人家小姑娘较劲，使人家出了丑，自己也不好过。仔细想一想，伤害别人的面子，牺牲你的人缘，换来一个小小的胜利，是否真的值得。做人应该明白一点：保住别人的面子便是给自己加分。

在人际交往中，这样的事情时有发生，不懂得给人留情面，常常会使自己处于被动，进退维谷。所以，你一定要学会照顾别人的情面，千万不要咄咄逼人。当你咄咄逼人的时候，只不过是在炫耀自己的口才有多好，这种炫耀本身就是让人厌恶的。咄咄逼人很多时候都会让人产生刻薄的印象，试问，又有几个人愿意跟刻薄的人交往？

康熙即位后颁诏天下，令地方官员举荐有才学的明朝遗老遗少到朝廷当官。但是，知识分子素来讲气节，没有几个人愿意应召。

这时候，陕西总督推荐了关中著名学者李喁。李喁以有病为由，坚决不肯入京当官。康熙并不介意，对他表现出了极大的关注和恭敬，派官员们不断看望他，吩咐等他病好后再请入京。

官员们天天来探视，可是李喁卧在床上，十分顽固。这些官员让人把李喁从家里一直抬到西安，各位督抚亲自到床前劝他进京，李喁竟以绝食相威胁，还趁人不注意要用佩刀自杀。官员们没办法，只好把这些事情上报康熙。康熙再次吩咐官员们不要逼迫他。

有一次，康熙西巡到西安，想亲自前去拜访他，李喁仍称有病无法接驾，康熙并没有大发雷霆，反而和颜悦色地表示没有关系。

其实，李喁内心早已臣服于康熙了，只是被虚名所累，而且以前的姿态摆得太高，一时没办法下来。于是，李喁让儿子带上自己写的几本书去见康熙，实际是向康熙表明态度：他是大明臣民，不能跪拜康熙；而他儿子是大清臣民，可以跪拜康熙。这样既保住了自己的脸面，又回应了康熙给他的面子。

康熙召见李喁的儿子，得知李喁确实有病，也就没有勉强，于是对李喁的儿子说："你的父亲读书守志可谓完节，朕有亲题'志操高洁'匾额并手书诗帖以表彰你父亲的志节。"同时告诉地方官对李喁关照有加。

康熙此举，可谓深得读书人的心。那些表明誓不降清的人没有那么顽固了，而那些本已臣服的人更是乐意为朝廷效力。康熙给足了别人面子，实际上也为自己捞足了面子。

给人留面子，是高情商的表现，也是自己成功的开始。无论做什么事情都要时刻注意给对方面子。因为只有给情面，才能为自己争得更多的东西。不给别人留台阶的人，到头来很可能是自断后路。

总之，学会为别人保住面子，是人际交往中的一条基本原则。你每给别人一次面子，就可增加一个朋友；你每驳别人一次面子，就可能增加一个敌人。

放宽心胸，人生宜当宽宏大度

宽容是一种美德，是一种思想修养，也是人生的真谛。你能容人，别人才能容你，这是生活的辩证法则。学会宽容，你就会善于发现事物的美好，感受生活的美丽。高情商人的魅力所在就是能够以宽容之心，放下成见，化干戈为玉帛。

这是1939年的时候，发生在一个老农场主和一个少年身上的故事。

塞玛是一位老农场主，有一天，他敲响了少年托尼·希勒家的大门，因为他想雇人帮忙收割一块苜蓿地。这也是少年托尼·希勒第一次得到的有报酬的工作——每小时12美分。要知道这在当时已经是很不错的了，因为那时美国还处在经济大萧条时期。

这一天，塞玛发现一辆装满西瓜的大卡车陷在自家的瓜地中。很显然，是有人想偷走这些西瓜。塞玛说车主很快就会回来的，让希勒也在这儿看着，长长见识。不一会儿，一个在当地因打架和偷窃而臭名昭著的家伙带着两个体格健壮的小伙子出现了，他们看起来非常愤怒。

塞玛却用一副平静的口吻说道："哎，我想你们是想要买些西瓜吧？"那个男人沉默了良久，最后缓缓回答道："嗯，我想是的。你的西瓜怎么卖，多少钱一个？""25美分一个。""好吧，你帮我把车弄出来吧，我看这价格还挺合适。"

这是他们那个夏天最大的一笔买卖，并且还避免了一场危险的暴力事件。等他们走后，塞玛笑着对希勒说："孩子，如果不宽恕敌人，就会失去朋友。"

几年以后，塞玛去世了，但希勒永远也忘不了他，忘不了第一次打工时他教给自己的经验和教训。

宽容体现了一个人的素养与气度，表现了人的思想水平。只有一个拥有智慧的人，才会在心中留出一片天地给别人。当你学会宽容别人时，就是学会宽容自己，给别人一个改过的机会，就是给自己一个更广阔的空间！

原谅那些曾伤害你的人，就能让自己的身上创造出生命的力量、光芒，既能照亮他人，也能点亮自己。学会宽恕别人，就是学会善待自己。仇恨只能让心灵永远生活在黑暗之中；宽恕，却能让心灵获得自由，获得解放。

宽容是人处世的准则。一个人宽宏大量、与人为善、宽容待人，能主动为他人着想和帮助别人，一定会讨人喜欢、被人接纳、受人尊重、具有魅力，因而能够更多地体验成功的喜悦。而一个人以敌视的眼光看人，对周围的人戒备森严，心胸狭窄，处处提防，不能宽大为怀，必然会因孤独而陷于忧郁和痛苦之中。

宽容是一种生活的艺术、人生的智慧，是洞明世间万象以后所获得的那份从容、自信和超然。只有宽容地对待他人和体谅他人，才可以获得一个放松、自在的人生。一个宽容的人，到处可以契机应缘，微笑对待人生。

宽容是爱心的表现，也是极高思想境界的升华。表面上看，它只是一种放弃报复的决定，这种观点似乎有些消极，但真正的宽恕是一种需要巨大精神力量支持的积极行为。

有个女人，因为小的时候家里太穷了，她的母亲把她送给了别人。长大后，她知道了这件事，心里极其怨恨自己的亲生父母，觉得他们太狠心了。她的亲生母亲几次想要来相认，她都拒绝了，连母亲亲手给她织的毛衣她也一次没有穿过，而是把它收了起来，搁在箱底。就这样，她结了婚，生了孩子，但她的心一直沉浸在怨恨里。在她30岁的那年，突然传来母亲病危的消息。那时刚好是冬天，乡里的人送来信，说母亲想见她一面，让她穿上那件毛衣。

这个女人听后，心里开始有些慌乱。再怎么着也是生母，她急匆匆地穿上母亲织的毛衣就上路了。在路上，她觉得冷，就把手伸进口袋中取暖，她突然在口袋中摸到了一张字条。她拿了出来，好奇地打开，原来是母亲写给她的信。母亲在信上说，家里的另一个孩子是捡来的，那时候实在养活不了两个孩子，才决定把她送出去。因为那个孩子太小，又病得不成样子，除了他们两口子，没人要他。

看完字条后她非常震惊，眼里涌出了泪水。母亲这么多年来是多么的伤心啊，她是她唯一的女儿啊！

赶到母亲那里时，老人已经辞世了。母亲走的时候，手里紧紧地握着一枚蓝色的扣子。在母亲的身边放着一封信，信里说，送给女儿毛衣的那天，母亲回到家里才发现那件衣服上的一枚扣子掉在了地上。母亲把它捡了起来，一直想去帮女儿缝上这枚扣子。想了十几年，希望再见到女儿，母亲欠女儿一枚扣子。

她拿着这枚扣子，扣子已经被磨搓得光滑圆润，亮闪闪的，她不知道，每当深夜时，母亲想起她，就会拿出那枚扣子，放在掌心静静地看，看了十几年。

这个女人的余生都是在悔恨中过日子。前30年，她在怨恨中过；后45年，她在悔恨中过。前30年已无法挽回了，为什么后45年还要去为前30年付出那么多的代价呢？如果在母亲给她送来毛衣的那天，她能够宽容一次，那么，她的一生可能就要改写。

生活中，何必为曾经的伤害耿耿于怀呢？学会宽容别人，也是善待自己的一种方式。学会及早地忘却，及早地原谅，及早地享受生活，生命里美丽的日子不是会多些吗？假如每个人都能以宽容、达观和敦厚的心，去生活处世，那便会拥有宽广的心理生活空间任自己遨游，就会生活得很自在。

理直也莫气壮，得理亦须让人

在纷繁复杂的社会活动中，谁能保证自己不会和别人发生一些争论？谁又能保证自己事事处处都占理？只要没有根本的利害冲突，即便自己占理，也应让人三分，见好就收是关键。这不仅可以化解矛盾，还能够让彼此加深理解、增进友谊，对于建立融洽和谐的人际关系起到促进作用。

俗话说："饶人不是痴汉。"当双方的争论已到剑拔弩张的时候，占理得势的一方应当有"得饶人处且饶人"的风范；切忌穷追猛打，将对方逼入死胡同。那样不仅不能辩赢对方，反而会扩大矛盾冲突。

在生活和工作中，并不是所有问题都值得去讨论，也不是任何话题都可以拿出来讨论。在有些情况下，因为个人的性格、兴趣和偏好不同，对问题的看法也不相同。这时如果去引发一场讨论，那一定没有任何结果，也毫无意义，只能是浪费时间。确实非争不可时，也要适可而止、见好就收，如果一意孤行、争论到底，不会有什么好结果。

一位老人去逛花鸟市场，不小心将小贩的两个花盆碰倒摔破了。老人连忙道歉，还说愿意把两盆花买下来，可是一掏口袋才发现一分钱都没带。

那个卖花的小贩就不依了，喋喋不休地说两盆花值多少钱，其实也就几十元钱。

老人说："不管多少钱我赔你就是了，但是我现在没有带钱，你可以叫人随我回家拿钱。"

小贩不相信，不让他走，一个劲地让他再好好摸摸口袋找钱。老人把口袋翻给他看，确实是没有钱。可是小贩就是不相信，还咄咄逼人，说哪有这么大一个人出门不带钱的。

老人没办法解释，只好反复说自己不会骗他的。可是无论他怎么解释，小贩就是不相信。小贩要老人拿出身份证看，可是老人偏偏没有带身份证。于是，小贩仍然不放他走。这时，围观的人越来越多，老人没有受过这种委屈，感觉很没面子，着急上火，结果一下子心脏病突发，不治而亡。

为了几十元钱的花盆，居然葬送了一个老人的生命，追悔莫及还有什么用呢？想想看，生活中为这种小事斤斤计较、得寸进尺的人还真不少。

在现实生活中，有不少冲突都是由于一方或双方纠缠不清或得理不让人，一定要小事大闹，争个胜负，结果矛盾越闹越大，事情越搞越僵。这时应该学学"难得糊涂"的心态，在这些小事上，没有必要那么清楚明白，注意自己的言行，不妨糊涂一下，得理也要让三分，用宽容之心待人。所以说，得理让人不失为一种成功的处世方式。

有一天晚上，卡尔参加一次宴会。宴席中，坐在卡尔右边的一位先生讲了一段幽默笑话，并引用了一句话，意思是"谋事在人，成事在天"。

他说那句话出自《圣经》，但他错了。卡尔知道正确的出处。为了表现出优越感，卡尔纠正他。那人立刻反唇相讥："什么？出自莎士比亚？不可能，绝对不可能！那句话出自《圣经》。"他自信确定如此。

那位先生坐在右首，卡尔的老朋友弗兰克·格蒙在他左首，他研究莎士比亚的著作已有多年。于是，他们俩都同意向格蒙请教。格蒙听了，在桌下踢了卡尔一下，然后说："卡尔，这位先生没说错，《圣经》里有这句话。"

那晚回家路上，卡尔对格蒙说："弗兰克，你明明知道那句话出自莎士比亚。"

"是的，当然，"他回答，"《哈姆雷特》第五幕第二场。可是亲爱的卡尔，我们是宴会上的客人，为什么要证明他错了？那样会使他喜欢你吗，为什么不给他留点面子，他并没问你的意见啊！他不需要你的意见，为什么要跟他抬杠？应该避免这些毫无意义的争论。"

人生之中，何必事事都要去争论，以赢取那无谓的胜利。正如睿智的本杰明·富兰克林所说的："如果你老是争辩、反驳，也许偶尔能获胜；但那是空洞的胜利，因为你永远得不到对方的好感。"

人人都有自尊心和好胜心，在生活中，大部分人一旦陷身于争斗的旋涡，便不由自主地焦躁起来，有时为了自己的利益，甚至是为了面子，也要强词夺理，一争高下。一旦自己得了理，便决不饶人，非逼得对方鸣金收兵或自认倒霉不可。然而这次得理不饶人虽然让你吹着胜利的号角，但也成了下次争斗的前奏。因为这对战败的对方也是一种面子和利益之争，他当然要伺机讨还。其实，在这种时候，对一些非原则性的问题，何不主动显示出自己比他人更有容人之量呢。所以说，得理也让三分，是一种做人做事的大智慧，谁能做到这一点，谁就能少些麻烦、多些顺畅。

经常问候，长期维系朋友间的感情

在现代繁忙的工作生活中，有事之时找朋友，人皆有之；无事之时找朋友，变得越来越少。也许你会有这样的经验：当你面临一种困难时，认为某人可以帮你解决。你本想马上找他，但后来想一想，过去有许多时候本来应该去看他的，结果都没有去，现在有求于人就去找他，会不会太唐突了，甚至因为太唐突而遭到他的拒绝。在这种情形之下，你不免有些后悔。

下班后刚进家门，张亮就看到家里来了刘志高这个不速之客。这让他心中多少有些不快，甚至有些吃惊。这个家伙从他的生活中已经消失了将近两年的时间。虽然说以前关系是不错的，但俗话说得好："三年不上门，是亲也不亲。"人与人之间的关系是越处越好的，都这么久没联系了，再见面已经很生疏了。

留下刘志高吃完饭之后，刘志高才道出目的，因为自己的儿子要升初中了，希望张亮能够帮忙找人选一个好一点的学校，最好能进入市重点中学。

刘志高知道张亮在教育界有很多熟人，这一点小事不是什么难题。但张亮的心里是老大的不情愿，因为觉得自己只是被他利用，没有什么情分了。再说，以前也不欠他的，现在看他这个样子，即使欠了自己的，也是不会还的。张亮便笑着说："你都不知道这两年我和教育界已经没有联系了，现在再贸然地找人家，也不知道人家会怎么想。"

张亮的态度是在委婉地拒绝，刘志高也听出了他的话外之音。见张亮态度如此，他也就不好意思再继续说下去，于是就告辞了。

张亮送走刘志高之后，就在妻子面前抱怨道："平时连个影子都见不到，看见我有用了，立马跑过来。我最恨这样的人了，最不想和这样的人做朋友了。"

俗话说得好："平时多烧香，急时有人帮。"人与人之间的感情是日积月累的，朋友最不愿接受的情况是：当你用得着他的时候，抱着礼品甜言蜜语；用不着时，一脚踢开，形同陌路。所以，不要等到需要获得别人帮助时才想到别人。时常联系朋友，会让对方觉得你始终都在关怀他，认为你始终将朋友放在心上，这样的有心人一般很受朋友的欢迎。若你遇到困难，朋友们也一定会努力帮助你渡过难关。

刘艳回国探亲时，向一位朋友详细叙述了她在美国的生活情况。她在那儿，没有什么社交生活，难得去看看朋友。可能是因为她初到异境，认识的朋友不多。但后来听说，其他人也一样。她每星期工作五天，星期六和星期天都去了郊外，这是一种家庭式的生活。就是说，要去郊外就跟自己的家人去。她不能利用假期去探望朋友，因为一到假期，谁都不在家，除非朋友患病在床。也不可能利用下班后的时间去看朋友，因为交通太挤。但她常常和朋友通电话，这是她唯一可以列入应酬朋友的方法，她无事也打电话，哪怕是寒暄几句，或者讲些无关紧要的事。但有起事情来，朋友会立刻聚在一起的，哪怕是很棘手的问题，在美国的朋友也会尽心尽力地去都她。

在生活中，少不了要与人来往，结交些朋友。好朋友之间常常来往，当自己遇到困难的时候，这些好友才会在第一时间赶过来给予帮助。"来往"虽然只是两个简单的字，却是一门社交艺术，只有像事例中刘艳这样善用心思的聪明人，才能达到增进感情的目的。所以说，朋友之情重在联系，如果平时不联系，时间会冲淡一切，很多原本牢靠的关系就会变得松懈，即使关系再好的朋友也一样。

其实，人际交往是一个互动的过程，长时间不联系，感情的交流就会停滞甚至倒退。再好的感情也需要不断地经营维护，只有平时与朋友多联系，才能巩固并增进相互之间的感情。

马飞海与赵虎曾经是高中同学，两人还曾住在同一个宿舍，所以关系一直不错，互相把对方看成交心的朋友。不过高中毕业后，赵虎的父母离异，他因此变得内向孤僻起来，也不再爱主动联系同学和朋友。

原先宿舍里的好朋友都渐渐疏远他，毕业之后也就自然而然断绝了联系，而马飞海始终把赵虎当成要好的朋友看待，平时总是主动联系赵虎，发一些祝福和问候的小短信，哪怕只是象征性地寒暄几句。节假日的时候，如果条件允许，马飞海会邀请赵虎一同出去聚餐，双方的友情就这样一直保持下去。

赵虎也经常会打电话给马飞海，诉说生活和工作中的琐事，马飞海更乐于成为倾听者，分享朋友生活中的快乐与辛酸。双方几乎每周都要联系几次，即便后来马飞海成立了自己的公司，整天忙于事业，他依然不忘联系朋友。多少年下来，两人的联系从未断绝，友谊也日益加深。

2010年，马飞海的公司因为资金短缺而面临倒闭的危险，赵虎听说后，立即取出自己所有的积蓄，将其交给马飞海，并积极四处奔走，动用自己的一切关系努力帮助朋友筹款。经过半个月的辛苦努力，赵虎最终帮马飞海解决了资金短缺的问题，使公司的资金顺利周转下去。马飞海对于赵虎的帮助十分感激，而赵虎这时淡淡一笑，打开手机相册给马飞海看，原来这里存放着这些年来两人的合影。

可见，朋友有时在很危急的关头能帮上大忙，能起到排忧解难的作用。但是，朋友关系的维系来自于自己的努力。在与朋友分开之后并没有经常性的联系，那关系之好无从谈起。生活中，很多人都会因为各种原因疏忽了和朋友的联系，总觉得反正是朋友，应该会理解的。事实上，等真的需要帮助的时候，才发现原来的朋友因为缺少联系关系都变得淡漠了。

那么在生活中，到底怎样才能让自己建立起来的情谊更好地维持下去呢？

首先，如果平时不方便与朋友见面，那一定要经常给朋友打电话或发短信，或者是发微信。现在的网络如此畅通，一个电话、一个微信就可以让身隔千里之外的朋友如见其面，同样可以向对方传递自己的思念和牵挂。

其次，增加见面的机会，再好的感情也经不起时间的流逝，不时地见面，可以更好地增进双方感情。如果对方有什么喜事，或者是有什么伤心的事时，你应尽可能地当面向对方表示祝贺和安慰，这样往往能让对方感觉到你的诚意和关怀。

最后，对方有什么困难的时候，不可以抽身而退，因为患难才能见真情，这是亘古不变的真理。当对方遇到困难时，往往是最需要帮助的时候，你这时候挺身而出，虽然为自己招来了麻烦，但为自己的未来打下了感情基础，当自己在未来的某一天遇到困难时，对方肯定也会出手援助。

　　总而言之，与人保持联系是人际交往的必要环节，是维系人际关系的桥梁。千万不要让你和朋友失去联系，也不要让你的通信录落上尘土，要时刻记得，朋友是可以陪伴你一生的好帮手。只要你有这份心、这份情，能够真诚地维持分开之后的朋友关系，那你的人际面会更加广泛，路子也会比别人多出几条。

第八章　耐受挫折，提高你的情商

成功的路上不会很拥挤，因为坚持的人不多

世间最容易的事就是坚持，最难的事也是坚持。成功在于坚持，这是一个并不神秘的秘诀。法国启蒙思想家布封曾说过："天才就是长期的坚持不懈。"的确，无论做什么事，要取得成功，坚持不懈的毅力和持之以恒的精神是必不可少的，它将是你取得成功的法宝。歌德用激情的语言这样描述坚持的意义："不苟且地坚持下去，严厉地鞭策自己继续下去，就是我们之中最微小的人这样去做，也很少不会达到目标。因为坚持的无声力量会随着时间而增长到没有人能抗拒的程度。"

阿曼达来到A公司工作，这是她的第一份正式工作。A公司是一家大公司，机制健全。她格外珍惜这次工作机会，她的父母也觉得这是一份很好的工作。

阿曼达没有工作经验，在培训时，她觉得这份工作很简单，自己已经掌握了。但是，在她独自操作时，就拿捏不准了。她无法确定自己的操作是不是正确，每一次做出决定前，她都举棋不定。这导致她的工作效率非常低下。因为她每次都很慢，并且频频出错，连累了和她一组工作的同事，大家经常指责她，上司也经常责备她。

为了做好那些被延迟的工作，她基本上天天加班，几乎每天都是最

后一个离开公司的人，却是经常被上司怒斥的人。

阿曼达忍气吞声地坚持着这份来之不易的工作。她的内心充满矛盾，想留在这里，可是在这里真的很不开心。

一天加班后，她耷拉着脑袋准备回家，在电梯里遇到了约书亚。约书亚是她的同事，在这家公司已经好多年了，是一位深受同事尊重的长者。

约书亚微笑着说："你很努力。坚持下去，不久你就会有成绩的。"

这是阿曼达来到这家公司以后，第一次有人鼓励她。她激动地说："谢谢您，我会的。"

约书亚又说："你不必太在意别人怎么说你。很多人刚来的时候，都是不熟练的。那些指责你的人，过去也是被别人指责的。"

阿曼达真心感谢约书亚对她的帮助。约书亚这番简短、随意的鼓励让她坚持了下来。

她依旧每天加班，认真对待工作，无论同组的同事和上司如何对她咆哮，她都坦然面对。她坚信，自己很快就会将这些工作掌握得很熟练。

不出一个月，阿曼达就变得和其他同事一样熟练了。

研究发现，大多数人的智力水平都差不多，成功与否主要取决于自己的努力程度和有没有"坚持下去"的精神。法国生物学家巴斯德说过："告诉你使我成功的奥秘吧，我唯一的力量就是我的坚持精神。"

目标有时遥遥无期，总也望不到头。你也许正在艰难中坚持却疲倦不已，如果这时放弃，以前的努力都将白费，所花的心血都是徒劳；而只要再坚持一会儿，再加一把劲，眼前就有可能是别有洞天、豁然开朗。当拨开迷雾重见阳光的一刹那，你会觉得所做的再苦再累都是值得的。

无论做什么，走完了九十九步，剩下的最后一步就是考验毅力的一步。只要咬紧牙关，再多一点努力，再多一点坚持，再多一点注意，再多一点思考，再多一点试验，就能成功。就像赛跑一样，实力相近的选手夺取金牌往往只是一步或半步之差，而起决定作用的是最后那一瞬间，谁在最后能爆发出巨大的潜能，谁就是胜利者。只有在遇到问题仍然坚持不懈时，你的行为才能向自己和周围的人证明你已具备了自律和自控的素质，而这些素质又恰恰是你取得成功所不可缺少的。

郎力士原是美国佛罗里达州的一个中学化学教师，家境贫寒，为了维持生计，他不得不在暑假去海滨浴场充当救生员。然而，他一直在琢磨如何才能改变自己的生活和处境。

作为化学教师兼救生员，他十分清楚市面上流行的由化学物质合成的太阳油不怎么理想。有一年的暑假，他又来到海滨浴场充当救生员。百无聊赖的他懒洋洋地从瞭望塔上看着那些油光光的皮肤，不知怎的，他忽然灵机一动：何不搞一种有名的太阳油呢？这一定大有市场。

郎力士决定着手研究，他克服资金不足的困难，向他父亲借了500美元，买来瓶子、罐子、油剂及其他试验必需品，投入了自己事业的开创之中。他没有辞职，而是利用休息日和晚上孜孜不倦地研究。经过几年的刻苦钻研，他获得了成功，纯天然椰子太阳油诞生了。不过，尽管他的新产品是人们所需要的最理想的产品，可是他没钱做广告。于是，他就请一些救生员试用，使用过的人都说效果好。满怀信心的郎力士又游说零售商经销他的产品。渐渐地，这种产品得到人们的青睐，"夏威夷热浪太阳油"的名字也就知名于世了。

此后，郎力士辞去教师的工作，告别了那可爱的海滨浴场，全力以赴地从事太阳油的业务。他创建的夏威夷太阳油公司的规模迅速扩大，由原来的只有三个小孩的寒酸小店一跃成为拥有2000多名职员的跨国公司，营业额高达1.5亿美元。郎力士也一反往日贫困窘迫之态，购买了一幢价值300万美元的海滨别墅。

郎力士就是由一个穷书生经过坚持不懈的奋斗跻身于美国百万富翁行列的。如果你立志做好一件事，并能持之以恒、坚持不懈地做下去，就一定能达到自己的目标，实现自己的理想。

成功的法则是很简单的，那就是锲而不舍，只要你能坚持到底，就会赢得最后的胜利。

世上的事，只要不断努力去做，就能战胜一切。哪怕事情再苦、再难，只要持之以恒、坚持到底，你就有希望，就有成功的可能。

坚持不是在原地踏步，是在逆流中向前；是积极的争取，而不是无奈的等待。坚持的时间越长，成功的机会就越大。凡事坚持，就有了赢的姿态。

跌倒了，自己爬起来

人可以被打败但不可以被打倒。只要你心中有光，同样可以再次站起来，把苦涩的微笑留给昨日，用不屈的毅力和信念赢得未来。

英国小说家、剧作家柯鲁德·史密斯曾经这样说："对于我们来说，最大的荣幸就是每个人都失败过，而且每当我们跌倒时都能爬起来。"

"失败了再爬起来"，看起来是一句鼓舞失败者的话，但是要真正实行起来，需要的是自我鼓励的品质和勇气。以顽强的毅力和百折不挠的奋斗精神去迎接生活的挑战，你才能够免遭淘汰。上苍能在无意中夺去你的视力，也可以在不觉中毁掉你的手臂，但只要你能充满信心地与命运进行搏斗，你就能战胜一切困难和障碍。

　　20世纪60年代初期，玛丽·凯经过一番思考，把一辈子积蓄下来的5000美元作为全部资本，创办了玫琳凯化妆品公司。在创建公司后的第一次展销会上，她隆重推出了一系列功效奇特的护肤品，按照原来的想法，这次活动会引起轰动，一举成功。可是"人算不如天算"，整个展销会下来，她的公司只卖出去1.5美元的护肤品。

　　意想不到的残酷失败，使玛丽·凯控制不住失声痛哭。经过认真的分析，玛丽擦干眼泪，从第一次失败中站了起来，在重视生产管理的同时，加强了销售队伍的建设。经过20年的苦心经营，玫琳凯化妆品公司由初创时的雇员9人发展到5000多人，由一个家庭公司发展成一个国际型的公司，年销售额超过3亿美元。玛丽·凯终于实现了自己的梦想。

　　有些人之所以比别人成功，就在于当他们失败时，有毅力及勇气爬起来，重来一次。失败并不可怕，尽管它会给你带来失望、烦恼，甚至是痛苦；但是，它像一块磨刀石，会磨砺你的意志，鼓舞你的士气，锻炼你的品格，最终使你成为一个能够坦然面对厄运并成就大业的勇者。

　　并非有信心去做每一件事都会成功。凡事总有失败，但是你要坚强，不要被挫折击垮，也不要被失败吓倒，更不要蹉跎在过去的岁月当中。只有经得起失败的人，才能真正成为掌握命运的强者。强者在失败面前会愈挫愈勇，而弱者面对挫折会颓然不前。

美国著名电台广播员莎莉·拉菲尔在她30年职业生涯中曾经被辞退18次，可是她每次都放眼最高处，确立更远大的目标。最初，由于美国大部分的无线电台认为女性不能吸引观众，没有一家电台愿意雇用她。她好不容易在纽约的一家电台谋求到一份差事，不久又遭辞退，说她跟不上时代。莎莉并没有因此而灰心丧气。她总结了失败的教训之后，又向国家广播公司电台推销她的清谈节目构想。电台勉强答应了，但提出要她先在政治台主持节目。"我对政治所知不多，恐怕很难成功。"她也一度犹豫，但坚定的信心促使她大胆去尝试。她对广播早已轻车熟路了，于是她利用自己的长处和平易近人的作风，大谈即将到来的7月4日国庆节对她自己有何种意义，还请观众打电话来畅谈他们的感受。听众立刻对这个节目产生兴趣，她也因此而一举成名了。如今，莎莉·拉菲尔已经成为自办电视节目的主持人，曾两度获得重要的主持人奖项。她说："我被人辞退18次，本来会被这些厄运吓退，做不成我想做的事情。结果相反，我让它们鞭策我勇往直前。"

没有失败就没有所谓成功，关键是看你对于失败的态度。生活就是要面对失败和挫折。当你一蹶不振而悲观失望时，切记失败是成功之母，几次碰壁也算不了什么，人生后边的路还很长很长。

在通过成功的道路上，任何一个人的发展之路都不会是完全笔直的，大家都要走些弯路，都要为成功付出代价。成功者也会失败，但他们之所以是成功者，就在于他们失败了以后，能够从失败中总结出教训，并从失败中站起来，发愤上进，于是，成功就接踵而来。

庄纳斯·思克是一个伟大的科学家，是他发现了小孩麻痹症的疫苗。他的发现使许多人避免了小儿麻痹症的病痛折磨。因为他的发现结果是通过200次的试验才得到的，有人问他："你的最终发现是最伟大的，那么你是怎么看待你前面的200次失败呢？"他回答说："在我的生活中从来没有过200次失败，在我的家庭里，我们从来不认为我们做过的任何事情是失败的，我们所关心的是，我们通过自己所做过的事情得到了什么样的经验，学到了什么知识。我在第201次试验中成功了，我如果没有前面200次的经验，就不会得到第201次的成功。"

跌倒并不可怕，可怕的是跌倒之后爬不起来，尤其是在多次跌倒以后失去了继续前进的信心和勇气。不管经历多少不幸和挫折，内心依然要火热、镇定和自信，以屡败屡战和永不放弃的精神去对付挫折和困境。洛克菲勒这样说道："与一些人不同，我把失败当作一杯烈酒，咽下去是苦涩，吐出来的却是活力。"

其实很多时候击败你的不是别人，而是你对自己失去信心，熄灭了心中的希望之光。那些乐观进取的人，会把"此门关，彼门开"奉为前进的动力；而那些受到一点打击之后便萎靡不振的人，终生都将是失败者。因此，成功取决于一个人的态度和行动，但态度和行动是可以改变的。

"天上下雨地上滑，自己跌倒自己爬。"当你遇到困难时，无须自怨自艾，也无须别人"拉一把"才从泥淖中爬起来，重要的是要有挑战的心，自己救自己。跌倒了，自己爬起来，再迈开步伐奔向前去。

很多时候缺的不是体力，而是毅力

古人曰："锲而舍之，朽木不折；锲而不舍，金石可镂。"顽强的毅力是取得成功的最好秘诀，没有顽强毅力的人将一事无成。

毅力，是人的一种心理忍耐力，是一个人完成学习、工作、事业的持久力。当它与人的期望、目标结合起来后，就会发挥巨大的作用。要实现远大的理想，就必须增强你的毅力。没有毅力，理想就无法实现；没有理想，毅力就无从产生，这两者是相互依存的。在所有的成功者中，毅力与坚强起着决定性的作用；而对失败者来说，缺乏毅力是他们共同的弱点。

历史上，大凡有成就的人，无不在事业上具有顽强的毅力，一步一个脚印，踏踏实实，向着既定的目标义无反顾地迈进，从而成就美好的理想。著名音乐家贝多芬双耳失聪，可是他不但没有向命运低头，而且用心灵谱写了一首又一首美妙的乐曲。伟大的发明大王爱迪生在一次试验中失聪，但他并没有因此而自暴自弃，而且凭着惊人的毅力创造了神奇，为人类的发展作出了巨大的贡献。

居里夫人出生在波兰一个贫困家庭，家境的贫穷，造就出她吃苦耐劳、好学不倦的品质。她从小就具有一种面对困难不退缩，坚持到底不动摇的坚强意志。在巴黎求学时，居里夫人租了一间小小的阁楼，那里没有电灯，没有水，没有烤火的煤。每天夜里，她只能到图书馆去看书。冬天的晚上，她把所有的衣服都穿上睡觉还冻得瑟瑟发抖，她经常一连几个星期只吃面包和水。在这样的环境里，居里夫人坚持学习了几年，终于获得了物理学和数学硕士学位。

1895年，居里夫人与法国物理学家皮埃尔·居里结婚。从此，两人走上了同甘共苦、攀登科学高峰的道路。当时，他们的生活十分贫困，为了寻找一种能透过不透明物体的射线，只得借了一个旧木棚充当实验室。实验室里既潮湿又黑暗，下雨天还会漏雨。为了节省开支，他们从很远的地方买来价格便宜的沥青矿渣当原料，靠着几件简陋的设备，开始了繁重的提炼工作。居里夫人每天穿着布满灰尘和油渍的工作服，把矿渣倒进大锅里烧，用一根一人高的木棍不停地搅拌，还要经常将20多千克重的容器搬来搬去。提炼工作经历了无数次的失败，但她没有被困难所吓倒。坚持了多年，终于从好几吨的矿渣里提炼出1/10克镭的化合物——氯化镭，它具有极大的放射性。这一发现轰动了全世界。1903年，居里夫人和她的丈夫双双获得了诺贝尔物理学奖。

正当居里夫人一家的工作、生活条件有所改善时，不幸的事发生了，1906年4月19日，皮埃尔·居里死于一场车祸。居里夫人失去了亲爱的丈夫和最好的导师，她悲痛极了。但她没有消沉，而是挺起胸膛，继续进行科学研究。1910年，居里夫人提炼出1克纯镭。她将这1克镭捐献给法国镭学研究院，用于治疗癌症病人。1911年，居里夫人又获得诺贝尔化学奖。

居里夫人就是这样以顽强的毅力，克服了重重困难，坚持科学研究几十年，终于发现了放射性元素镭和钋，成为世界著名的科学家。

毅力能够决定你在面对困难、失败、诱惑时的态度，看看你是倒了下去还是屹立不动。如果你想重振事业、如果你想把任何事做到底，单单靠着一时的热劲是不成的，你一定得具备毅力方能成事，因为那是你产生行动的动力源头，能把你推向任何想追求的目标。具备毅力的人，他的行动必然前后一致，不达目标绝不罢休。

美国总统柯立芝曾写道："世界上没有一样东西可以取代毅力。才干也不行，怀才不遇者比比皆是，一事无成的天才也很普遍；教育也不可以，世上充满了学无所用的人，只有毅力和决心无往而不胜。"如果成功之门暂时关闭了，你应该把它视为一种新的力量的源泉，而非一种失败。这样，它会把你内在最优秀的品质激发出来。

狄更斯曾经说过："顽强的毅力可以征服世界上任何一座高峰。"是的，只有那些勤奋刻苦、持之以恒、拥有毅力的人才会获得最后的成功。

在人生的道路上，总会出现许多的坎坷和不平，当你遇到困难和挫折的时候，就要用毅力和智慧去征服它。只有这样，才能顺利地到达成功的彼岸。

耐下性子，等待成功的到来

每个人都希望自己能成功，但是，成功并不是一蹴而就的。所谓"十年树木，百年树人"，人经不起时间的磨炼，经不起一点挫折，要有所成就是很难的。

对所有的人来说，耐心是一剂特效药，也是人在患难中最可靠的依托和最柔软的依靠。确信无法突破的时候，首先要选择的是忍耐。忍耐精神是意志坚强者的品质，忍耐不是软弱，而是另一种意义上的坚强。能否多坚持一分钟，是人才和平庸之徒的分水岭。能忍耐的人，才能够得到他所要的东西。

有这样一个古老的传说：

在大海旁的一个渔村中，住着张三和李四两个渔民，他们俩都梦想成为富翁，摆脱每天捕鱼的生活。有一天夜里，张三做了一个梦，梦里有人告诉他对岸岛上的寺里有99株朱槿树，开红花的一株下面埋了一坛黄金。张三满心欢喜地驾船去了小岛，岛上一切景色果然如梦中所说。春天一到，99株朱槿树全都盛开，只不过开的是清一色的淡黄花。张三便垂头丧气地回去了。李四知道了这件事后也来到了寺里，从秋天等到第二年春天。果然，在春风的吹拂下，朱槿花凌空开放，一株朱槿树盛开出美丽绝伦的红花。李四激动地在树下挖出一坛黄金，成为村里最富有的人。

在命运的门前，不妨多拿出一点耐心，哪怕多等一天、多等一个小时、多等一分钟，结果可能就会截然不同。

俗话说："欲速则不达。"成功不是一天造成的，要有耐心才行。当你为某个目的努力奋斗了一段时间而未果的时候，如果没有足够的耐心而放弃了，那么成功将会与你擦肩而过。

现实生活中，很多人都有积极行动的勇气，却常常缺乏等待胜利果实到来的耐心。成大事者，很多情况下不能大急大躁，而应有足够的信心和耐心等待机会和创造机会。

俗话说："十年磨一剑。"成大事者，很多情况下不能大急大躁，而应有足够的耐心等待机会和创造机会。耐心是成功的磨刀石；学会了等待，离成功也就不远了。

富兰克林说："有耐心的人，无往而不胜。"耐心需要特别的勇气，对理想和目标全身心地投入，需要不屈不挠、坚持到底的精神。这里所谓的耐心是动态而非静态的，主动而不是被动的，是一种主导命运的积极力量。这种力量在内心中源源不尽，但必须严密地控制和引导，以一种几乎是不可思议的执着投入既定的目标中，才能创造人生价值。

伟业是建筑在枯燥和孤独的基础上的。要有面对枯燥从头到尾坚持不懈的耐力。人在做一件事情的时候有一个临界点。在突破临界点前，人会感觉非常无聊。很多人都在这个时候放弃了，去选择了其他的诱惑，这样的人不会成功。只要你咬牙坚持下来，这就是你的一个高度，就建立了你以后奋发的信心，从而不断地超越自我。

可以接受有限的失望，但不要放弃无限的希望

希望是什么？希望是引爆生命潜能的导火索，是激发生命激情的催化剂。只要活着，就要有希望，只要每天给自己一个希望，你的人生就不会黯然失色。

世上没有绝望的处境，只有对处境绝望的人。只要心中存在希望，只要心中有一颗希望的种子，那么就一定会创造出奇迹。

任何时候人都要有希望，因为只有有了希望，生命才会有活力。人的一生中，往往会遇到很多的挫折与不幸，会有无助与失落的时候，也会感觉到绝望。此时，唯有重新燃起希望的火苗，让自己有足够的勇气与信念活下

去，才会成就人生的辉煌。

出生于美国的普拉格曼连高中也没有读完，却成为一位非常著名的小说家。在长篇小说授奖典礼上，有位记者问道："你事业成功最关键的转折点是什么？"出人意料的是，普拉格曼回答是第二次世界大战期间在海军服役的那段生活：

"1944年8月的一天午夜，我受了伤。舰长下令由一位下士驾一艘小船趁着夜色送身负重伤的我上岸治疗。很不幸，小船在那不勒斯海迷失了方向。那位掌舵的下士惊慌失措，想拔枪自杀。我劝告他说：'你别开枪。虽然我们在危机四伏的黑暗中漂荡了四个多小时，孤立无援，我还在淌血。不过，我们还是要有耐心。'说实话，尽管我在不停地劝告着那位下士，可连我自己都没有一点信心。但还没等我把话说完，前方岸上的高射炮的火光闪亮了起来。这时，我们才发现，小船离码头不到3海里。

"那一夜的经历一直留在我的心中，这个戏剧性的事件使我认识到，一个人应该永远对生活抱有信心，永不失望。即使在最黑暗最危险的时候，也要相信光明就在前头。"

战后，普拉格曼立志成为一个作家。开始的时候，他接到过无数次的退稿，熟悉的人也都说他没有这方面的天分。但每当普拉格曼想要放弃的时候，他就想起那晚戏剧性的一幕。于是，他鼓起勇气，一次次突破生活中各种各样的困难，终于有了后来炫目的灿烂和辉煌。

人生就是这样，只要信念还在，希望就在。许多人一陷入困境就悲观失望，并给自己施加很重的压力，其实，应告诉自己，困境是另一种希望的开始，它往往预示着明天的好运气。因此，你只要放松自己，告诉自己希望是无所不在的，再大的困难也会变得渺小。困境自然不会变成阻碍，而是又一次成功的希望。

人的一生，不如意的事十有八九。但无论在何时何地，也无论遇到什么样的艰难困苦，请都不要失去对生活的热望和对美好事物的追求，同时为之长期不懈地努力奋斗，这样人生的命运将会还报给你以幸福的微笑。正如马丁·路德·金所说："可以接受有限的失望，但是一定不要放弃无限的希望。"

亚历山大大帝给古希腊和东方的世界带来了文化的融合，开辟了一直影响到现在的丰饶世界。据说他为此投入了全部青春的活力，出发远征波斯之际，将他所有的财产分给了大臣。

为了登上征伐波斯的漫长征途，他必须买进种种军需品和粮食等物，为此他需要巨额的资金。但他把从珍爱的财宝到他所有的土地，几乎全部分给了臣下。

大臣庞尔狄迦斯深以为怪，便问亚历山大大帝："陛下带什么起程呢？"

对此，亚历山大回答："我只有一个财宝，那就是'希望'。"

庞尔狄迦斯听了这个回答以后说："那么请允许我们也来分享它吧。"于是，他谢绝了分配给他的财产，许多大臣也仿效了他的方法。

在走向人生这个征途中，最重要的既不是财产，也不是地位，而是在自己胸中像火焰一般燃烧起的意念，即"希望"。那种毫不计较得失、为了巨大希望而活下去的人，肯定会生出勇气，激发出巨大的激情，开始闪烁出洞察现实的睿智之光。与时俱增、终生怀有希望的人，才是具有最高信念的人，才会成为人生的胜利者。

人生不能没有希望，所有的人都是生活在希望当中的，有希望的人生才能一路充满温暖的阳光。假如真的有人是生活在无望的人生当中，那么他只能是人生的失败者。

因为小儿麻痹症，她从小就"与众不同"。随着年龄的增长，她的忧郁和自卑感越来越重，甚至拒绝所有人靠近她。但也有个例外，邻居家那个只有一只胳膊的老人却成了她的好伙伴。老人是在一场战争中失去一只胳膊的，老人非常乐观，她非常喜欢听老人讲故事。

这天，她被老人用轮椅推着去附近的一所幼儿园，操场上孩子们动听的歌声吸引了他们。当一首歌唱完，老人说着："我们为他们鼓掌吧。"她吃惊地看着老人，问道："我的胳膊动不了，你只有一只胳膊，怎么鼓掌啊？"老人对她笑了笑，解开衬衣扣子，露出胸膛，用手掌拍起了胸膛。那是一个初春，风中还有着几分寒意，但她突然感觉自己的身体里涌动起一股暖流。老人对她笑了笑，说着："只要努力，一只巴掌一样可以拍响。你一样能站起来的。"

那天晚上，她让父亲写了一个字条，贴到了墙上，上面是这样的一行字：一只巴掌也能拍响。从那之后，她开始配合医生做运动。甚至在父母不在时，她自己扔开支架，试着走路。蜕变的痛苦是牵扯到筋骨的。她怀有无限的希望，她坚持着，因为她相信自己能够像其他孩子一样行走奔跑。

11岁时，她终于扔掉支架。她又向另一个更高的目标努力着，开始锻炼打篮球和田径运动。1960年罗马奥运会女子100米跑决赛，当她第一个撞线后，掌声雷动，人们都站起来为她喝彩，齐声欢呼着这个美国黑人的名字：威尔玛·鲁道夫。那一届奥运会上，威尔玛·鲁道夫成为当时世界上跑得最快的女人，她共摘取了3枚金牌，也是第一个黑人奥运女子百米冠军。

威尔玛·鲁道夫的成功，正是因为她即使在困难中也绝不放弃希望的结果。保持希望的人生是有力的。失掉希望的人生，则通向失败之路；希望是人生的力量，在心里一直抱着美梦的人是幸福的。也可以说抱有希望活下去，是只有人才被赋予的特权、只有人，才由其自身产生出面向未来的希望之光，才能创造自己的人生。

鲁迅曾经说过："希望是附丽于存在的，有存在，便有希望；有希望，便是光明。"希望是激励你前进的巨大的无形动力。只要满怀希望，就能走出困境，重新看到光明。时刻对未来怀有希望，并为之锲而不舍地奋斗，才是具有最高信念的人，才会成为人生的胜利者。

强者愈挫愈勇，而弱者颓然不前

人生在世，谁都会遇到挫折和失败，它够磨炼一个人的意志，给人以丰富的经验，增强性格的坚韧性和提高其解决问题的能力，引导一个人产生创造性变迁，寻找到更好的人生道路。

法国大作家巴尔扎克说："挫折是能人的无价之宝，弱者的无底之渊。"强者在挫折面前会愈挫愈勇，而弱者面对挫折会颓然不前。

第八章　耐受挫折，提高你的情商

日本"推销之神"原一平23岁时，离开长野到东京打天下。一次，他到明治保险公司面试。主考官高木一面看着桌上的文件，一面对他说："太困难了。""什么太困难了？"他听不懂主考官的意思。高木以轻蔑的口气说："老实对你说吧，人寿保险推销这份工作非常困难，我看你不是干这个的料。"

原一平想不到他居然会讲这样的话。他那一股永不服输的气，在短时间内鼓满了全身。他涨红了脸，倾身问道："好，请问进入贵公司究竟要做多少业绩呢？""每人每个月必须1万日元。""既然是这样，我也每月推销那么多好啦。"

主考官狠狠地瞪了他一眼，接着慢慢地抬头看着天花板，发出"嘿嘿嘿"的一阵怪笑。那一阵怪笑声，就成了原一平迈向成功的动力。

原一平看着别人的冷眼，赌着一口气跨入保险业的大门。那一段日子的处境可想而知，嘲笑和轻蔑的目光时时包围着他。表面上，他处之泰然，心里却充满了悲愤。想到这个职位来之不易，他发誓粉身碎骨也要做出成绩来。

没有薪水的日子艰难异常，虽然住的是最低廉的公寓，他还是欠房东好几个月的房租。那时，公寓里供应免费的早餐。但房东的眼神让他难以忍受，只能匆匆吃一点，便逃也似的离开。这样的日子前后持续了差不多一年。尽管他已又黑又瘦、极端疲惫，但面对同事与客户时，他依然精神抖擞、声音洪亮。

面对这样的艰难困苦，原一平不仅没有一丝悲哀和痛苦，反而勇气倍增。他对自己说，这是成功之前必须忍受的磨难，这是锻炼自己的最好时机。

到年底结算时，原一平每月1万日元的承诺不仅完成了，还超额了近8万日元。这个业绩实在是来之不易，想想过去的那段日子，他禁不住泪流满面。

在通往目标的历程中遭遇挫折并不可怕，可怕的是因挫折而对自己的能力产生怀疑。其实，挫折并不能证明什么，因为我们是人而不是神，我们不可能十全十美。相反，能力的大小，只有在经受了各种各样的考验之后方能证实。挫折就是这样一种必须经受的考验，它可以提醒你去寻找和发现自身的不足之处，然后对自己进行弥补和改善。挫折使人有了这样一种机会：让自己清醒地认识到事情是如何朝着失败的方向转变的，以便我们在将来能够避免因重蹈覆辙而付出更加高昂的代价。

最重要的是，挫折还使人看清了自己在通往目标的道路上一个必须去加以征服的敌人，这个敌人不是别人，就是自己。人类最杰出的成就经常是在战胜自我的同时被创造出来的，人类最崇高的目标也经常是在彻底战胜自我的同时达到的。

成功是令人神往的，但通向成功的道路是坎坷的、曲折的、艰难的。纵观古今中外的成功者，哪一个不是历尽磨难？如果成功的路上都是一帆风顺，都能一蹴而就，那世界上就不会有人成功、有人失意了。只有具备面对困难百折不回、遇到挫折坚持不懈的人，才有可能登上成功的巅峰。因为遇到一点困难就灰心丧气，受到一点儿挫折就悲观失望，并因此而打退堂鼓，这样的人是永远都不可能达到成功目标的。

挫折对生活的强者来说，犹如通向成功之路的层层阶梯；而对生活的弱者来说却是万丈深渊。生活告诉人们这样的哲理：在人类的历史上成就伟大事业的往往不是那些幸福之神的宠儿，反而是那些遭遇诸多不幸却能奋发图强的苦孩子。

美国著名作家爱伦坡，是世界文坛上著名、浪漫的天才之一。但爱伦坡的一生历经了许多屈辱与苦难。

爱伦坡小的时候是个孤儿，受尽了白眼与欺辱。在被一个富有的烟草商人收为养子后，由于不能博得养父的欢心，竟被骂为白痴并被用棍棒打出家门。在他26岁时，他与表妹维琴妮亚不顾一切地热恋并结婚了，那是爱伦坡一生中最美好的时光，但也给他带来了莫大的痛苦。许多人认为他疯了，劝他尽早结束这幕悲剧；有更多的人奉劝维琴妮亚离开这个穷光蛋，在他们眼里，爱伦坡根本不配拥有爱情和一切美好的东西。

爱伦坡夫妇的生活境况十分潦倒，很多时候穷得没有饭钱，就更不用说房租了。不久之后，维琴妮亚便病倒在床，爱伦坡没有钱为自己的妻子买食物和药物。他们不是整天饿着肚子，便是当院里的车前草开花时，用它煮来充饥。除了肉体的折磨，还有来自于旁人的冷嘲热讽。面对外界巨大的压力和生活的落魄，爱伦坡夫妇却用世间最牢固的爱情击垮了一切流言，始终彼此恩爱。爱伦坡每天几近疯狂地写诗，渴望成功的强烈愿望使他忘记了一切痛苦，在他的脑海中，只有两个字：奋斗！

但是，体弱的维琴妮亚终究敌不过饥寒交迫，在一个寒冷的冬夜，带着对爱伦坡的深深的爱离开了人世。失去了爱妻，爱伦坡几乎崩溃了，唯一支撑他的就只有成功的信念了。在爱妻的坟墓旁，他强忍着泪水和思念，笔耕不辍，用全身的热情投身于创作之中。最终，他因写出了感人肺腑的《爱的称颂》而闻名于世，获得了自己人生的成功。

在爱伦坡众多的诗作中，有一篇不朽的名诗《乌鸦》，这首诗足足花费了他10年的时间，可是当时仅卖了10美元，成为当时当地最大的笑话，爱伦坡因此被认为是弱智与无能之辈。但是那些嘲笑爱伦坡的人可曾料到，这首诗的原稿在后来已售价数百万美元。

挫折在人的一生中是不可避免的，不要哀叹为什么那么倒霉，总要遇到不如意或是失败，其实每个人都会遇到挫折，只是有大有小而已。孟子说："天将降大任于斯人也，必先苦其心智，劳其筋骨，饿其体肤，空乏其身。"这就是告诉人们，做任何事情要想获得成功，必须得付出代价，而遇到挫折和失败是所付出的代价的一部分。遇到失败或是挫折并不可怕，关键的是你如何对待挫折，不能一遇到挫折就心灰意冷、一蹶不振。

第九章 自我管理，
取得人生成就的关键

能自律，方能成大器

现如今，人们越来越达成一种共识：情商是一种基本生存能力，决定其他心智能力的表现，也决定你一生的走向与成就。从某种程度上说，自律是最高级的情商，是完善人生的基本保证，而事实上，自律又是一个不断学习和练习的过程。

什么是自律呢？所谓的自律就是能够约束自己、管理自己，自觉地遵循法度，按照自己的既定计划去实现自己目标的一种能力，它是一种不可或缺的人格力量。自律程度的高低往往体现出情商的高低，同时影响着个人取得成就的大小。

神经科学家发现，自律有其明确的大脑组织物质基础。在人的进化过程当中，人类大脑的前叶额不断完善，负责目标和自控行动等与自律密切相关的功能。人的大脑中的"奖赏机制"却不断激发人们的欲望，使人面对诱惑难以自拔。幸运的是，人们可以通过认识和训练改善自律的能力。

人们的自律绝不仅仅是脑的活动而已，基于对心理活动的认知采取有效的方法进行调解是人类独有的智慧。自律的提升还基于对价值的理解和价值意识的持续培养。

有句话说得好："律己者律世，志高者品高。"当一个人到了这样的境界，他作为精神领袖的力量是不可抗拒的。所以，你能有多成功，就看你有多自律。一个成功者，首先是一个成功的自我管理者，一个能够自我约束、自我克制的人。

　　明代大学士徐溥自幼天资聪明，读书刻苦。少年时代的徐溥性格沉稳，举止老成。他在私塾读书时，从来都不苟言笑。一次，塾师发现他常从口袋中掏出一个小本看，以为是小孩子的玩物，等走近才发现，原来是他自己手抄的一本儒家经典语录，由此对他十分赞赏。徐溥还效仿古人，不断地检点自己的言行，在书桌上放了两个瓶子，分别贮藏黑豆和黄豆。每当心中产生一个善念，或是说出一句善言、做了一件善事，便往瓶子中投一粒黄豆；相反，若是言行有什么过失，便投一粒黑豆。开始时，黑豆多，黄豆少，他就不断地深刻反省并激励自己；渐渐地，黄豆和黑豆数量持平，他就再接再厉，更加严格地要求自己；久而久之，瓶中黄豆越积越多，黑豆则显得微不足道。直到他后来为官，还一直保留着这一习惯。

　　凭着这种持久的约束和激励，他不断地修炼自我，完善自己的品德，后来终于成为德高望重的一代名臣。

　　徐溥对自己行为的高标准约束显示了他强烈的自律意识，即使是在个人独处时，也能自觉地严于律己，谨慎对待自己的一言一行。可以说，一个能够自我约束和自我控制的人，在成功路上才能突破各种诱惑，勇往直前。

　　三国时期，曹操带兵军纪十分严明，并且自己也以身作则，带头遵守。因此，他的军队很有战斗力，很快就消灭了多股强大的军阀割据势力，统一了中国北方。

　　有一次，曹操带兵出征打仗，行军途中看到麦田里成熟的麦子，于是下令："有擅入麦田践踏庄稼者，斩！"可是命令刚下达，一群小鸟忽然从田间惊起，从曹操马前飞过。那马不由一惊，一声长嘶，径直冲进麦田，将成熟的麦子踩倒一大片。曹操非常心痛，马上拔出佩剑就要自刎，被众将慌忙抱住他的手臂，大呼："丞相，不可！"曹操仰面长叹："我才颁布了命令，如果自己制订的法令自己不能遵守，还怎么用它约束部下呢？"说完又要自刎。众将以军中不可无帅力劝曹操不可自刎。这时，曹操便拉过自己的头发，用剑割下一绺，高高举起，说："我因误入麦田，罪当斩首。只因军中无帅，特以发代首，如再有违者，如同此发。"于是人人自觉，小心行军，无一践踏庄稼者。

这就是曹操"割发代首"的故事，成为严于律己的典范，为后人称道。所以，自律，就是自己管好自己。人世间，最顽强的敌人是自己。最难战胜的也是自己。一个人的自律，需要强大的心智力量来支持。

自律对于一个人来说就好像是一辆汽车的制动系统一样。如果一辆汽车光有发动机而没有方向盘和刹车的调节，就会失去控制，不能避开路上的各种障碍，就有撞车的危险。一个想要有所成就的人如果缺乏自律能力，就等于失去了方向盘和刹车，必然会越轨或出格，甚至撞车、翻车。

古人推崇"君子慎独"，就是说即使在独处时也要自律，不要做违背原则的事，即便没人知道，也有天知、地知、我知（自己的心知道）。

许衡慎独的故事，就是一个严于律己的好例子。

许衡是元代的哲学家，提倡儒学。一年夏天，许衡与很多人一起逃难。在经过河阳时，由于长途跋涉，加之天气炎热，所有人都感到饥渴难耐。

这时，有人突然发现道路附近刚好有一棵大梨树，梨树上结满了甘甜的梨子。于是，大家都你争我抢地爬上树去摘梨来吃，唯独只有许衡一人，端正坐于树下不为所动。

众人觉得奇怪，有人便问许衡："你为何不去摘个梨来解解渴呢？"许衡回答说："不是自己的梨，岂能乱摘。"问的人不禁笑了，说："现在时局如此之乱，大家都各自逃难，眼前的这棵梨树的主人早就不在这里了。主人不在，你又何必介意？"

许衡说："梨树失去了主人，难道我的心也没有主人吗？"许衡始终没有摘梨。

自律的最高境界是慎独，它能让一个人在独立工作、无人监督的时候仍然能够不被外物所左右，而是丝毫不放松自我监督的力度，谨慎自觉地按照一贯的道德准则去规范自己的言行，一如既往地保持道德自觉。上例中的许衡就是这样的人。

富兰克林说："我们判断一个人，更多的是根据他的品格而不是根据他的知识，更多的是根据他的心地而不是根据他的智力，更多的是根据他的自制力、耐心和纪律性，而不是根据他的天才。"

在日常生活中，一定要时时提醒自己要自律，有意识地培养自律精神。比如，针对你自身性格上的某一缺点或不良习惯限定一个时间期限，集中纠正，效果会比较好。

千万不要纵容自己，给自己找借口。对自己严格一点。时间长了，自律便成为一种习惯、一种生活方式，你的人格和智慧也会因此变得更完美。

你的时间放在哪里，你的成就就在哪里

时间是人人都拥有的财富，但并不是所有的人都能理解它的价值。有的人把时间视为生命的一切，有的人仅将其当作用餐和睡眠的刻度。放弃时间的人，时间也会放弃他。时间不可空过，要用之于做有益的工作；只要你把精力花在有益的事情上，使各项工作有序进行，虽然实际时间并不会增加，但是时间耗费少了，从某种意义上说，就是提高了时间的利用价值。

"记住，时间就是金钱。假如说一个每天能挣10个先令的人，玩了半天或躺在沙发上消磨了半天，他以为他在娱乐上仅仅花了6个便士而已。不对！他还失掉了他本可以挣得的5个先令。金钱就其本性来说，绝不是不能生值的。钱能生钱，而且它的子孙还会有更多的子孙。谁杀死一头生仔的猪，那就是消灭了它的一切后裔，以及它的子孙万代。如果谁毁掉了5先令的钱，那就是毁掉了它所能产生的一切，也就是说，毁掉了一座英镑之山。"

这是美国著名的思想家本杰明·富兰克林的一段名言，它通俗而又直接地阐释了这样一个道理：如果一个人想在事业上有所成就，必须重视时间的价值。

时间的价值正如金钱的价值，体现在人们的价值观上。每个人对待时间的观念不同，价值也就不同。如果你珍惜时间，它就是一块金子；如果你不珍惜，它便是一块废铁。

时间管理大师拿破仑·希尔说过："利用好时间非常重要，如果不能充分利用一天的时间，那么这24小时便会白白浪费，我们将一事无成。"诚如拿破仑·希尔所说，促使一个人成功或失败，不完全是个人能力、把握机遇等方面，很大程度上在于是否能够合理安排时间、分配时间。也许在你眼中毫不起眼的几分钟，却是别人获得成功的制胜关键。

在成功人士间流传这样一句话："1小时有60分钟，而1小时又没有60分钟。"乍看起来这句话矛盾而令人费解，事实上这句话揭露了时间的奥妙所在。表面看来1小时有60分钟，可你是否计算过在1小时中，你究竟用了多久呢？是满打满算60分钟，还是十几分钟，或者仅仅几分钟？

如果答案令你羞于说出口，则说明你已完全被时间奴役，这与正常情况完全相悖。要知道，你是时间的主人，是主宰时间与生命的人。

爱迪生是举世闻名的发明大王，他一生共发明了电灯、电报机、留声机、电影机、磁力析矿机、压碎机等几千种东西。爱迪生的强烈研究精神，使他对改进人类的生活方式做出了重大的贡献，而这一切都归功于他对时间的珍惜。

一天，爱迪生在实验室里工作，他递给助手一个没上灯口的空玻璃灯泡，说："你量量灯泡的容量。"他又低头工作了。过了好半天，他问："容量多少？"他没听见回答，转头看见助手拿着软尺在测量灯泡的周长、斜度，并拿了测得的数字伏在桌上计算。他说："怎么费那么多的时间呢？"爱迪生走过来，拿起那个空灯泡，向里面斟满了水，交给助手，说："里面的水倒在量杯里，马上告诉我它的容量。"助手立刻读出了数字。爱迪生说："这是多么容易的测量方法啊。它又准确，又节省时间，你怎么想不到呢？还去算，那岂不是白白地浪费时间吗？"助手的脸红了。爱迪生喃喃地说："人生太短暂了，太短暂了，要节省时间，多做事情啊！"

的确，人生真的太短暂了，每个人的生命是有限的，是时间限制了人们的生命。但是只要充分地利用它，珍惜每分每秒，你就能在有限的生命里创造出无限的辉煌。

你的生活态度，决定着你的人生高度

在人生的旅途中，当消极思想统治你的时候，就好比是逆流而行，会阻碍你前进的步伐；当积极的思想主导你的时候，就好像是顺流而行，使你前进更加迅速。

成功学大师拿破仑·希尔说过："积极的心态，就是心灵的健康和营养。这样的心灵，能吸引财富、成功、快乐和健康。消极的心灵，却是心灵的疾病和垃圾。这样的心灵，不仅排斥财富、成功、快乐和健康，甚至会夺走生活中已有的一切。"如果你想成功，就不要为消极心态所累，如果你想与众不同，就要有积极的心态。

卡耐基曾讲过这样一个故事：

塞尔玛陪伴丈夫驻扎在一个沙漠地区的陆军基地里，她丈夫奉命到沙漠里去演习，她一人留在军队的小铁皮房子里，天气热得受不了——在仙人掌的阴影下也极其炎热。没有人与她谈天，只有墨西哥人和印第安人，但他们不会说英语。她太难过了，就写信给父母，说要丢开一切回家去。她父亲的回信只有两句话，这两句话却永远留在她心中，完全改变了她的生活："两个人从牢中的铁窗望出去，一个看到泥土，一个却看到星星。"

塞尔玛一再读这封信，觉得非常惭愧，决定要在沙漠中找到星星。

塞尔玛开始和当地人交朋友，他们的反应使她非常惊奇，她对他们的纺织、陶器表示兴趣，他们就把最喜欢的、舍不得卖给观光客人的纺织品和陶器送给了她。塞尔玛研究那些引人入迷的仙人掌和各种沙漠植物，又学习有关土拨鼠的常识。她观看沙漠日落，还寻找海螺壳，这些海螺壳是几万年前，这沙漠还是海洋时留下来的……原来难以忍受的环境变成了令她兴奋、流连忘返的奇景。

是什么使这位女士内心有了这么大的转变？其实，她周围的一切如昔，沙漠没有改变，印第安人也没有改变，唯一改变的是这位女士的心态。一念之差，使她把原先认为恶劣的情况变为一生中最有意义的冒险。她为发现新世界而兴奋不已，并为此写了一本书，以《快乐的城堡》为书名出版了。她从自己造的牢房里看出去，终于看到了星星。

态度就像磁铁，不论思想是正面的还是负面的，大家都受着它的牵引。而思想就像轮子一般，使大家朝一个特定的方向前进。虽然你无法改变人生，但是可以改变人生观；虽然无法改变环境，但是可以改变心境。虽然无法调整环境来完全适应自己的生活，但是可以调整态度来适应一切的环境。所以，调整你的心态，鼓起生活的信心，改变眼下的处境，至少不要退到你已经见识过比现在还糟糕的境地。选择了一种积极的生活态度，你将获得一个别样的人生。

一位名叫吉姆的男孩住在纽约附近的一个小镇。他十分可爱，也是位真正的男子汉，一个真正意志坚强的人。他是个天生的顶尖运动好手，不过在他刚入中学不久腿就瘸了，并迅速恶化为癌症。医生告诉他必须动手术，他的一条腿便被切掉了。出院后，他拄着拐杖返回学校，高兴地告诉朋友们，说他将会安上一条木头做的腿："到时候，我便可以用图钉将袜子钉在腿上，你们谁都做不到。"

新赛季足球赛一开始，吉姆立刻回去找教练，问他是否可以当球队的管理员。在练球的几个星期中，他每天都准时到球场，并带着教练训练攻守的沙盘模型。他的勇气和毅力迅即感染了全体队员。有一天下午他进医院检查，没来参加训练，教练非常着急，后来得知吉姆的病情已恶化并且只能活六周了。

吉姆的父母决定不将这个坏消息告诉他，他们希望在吉姆生命最后的时刻能开开心心正常地过日子。所以，吉姆和往常一样又回到球场上，带着满脸笑容来看其他队员练球，给其他队员加油鼓励。因为他的鼓励，球队在整个赛季中保持了全胜的纪录。为了庆祝胜利，他们决定举行庆功宴，准备送一个全体球员签名的足球给吉姆。但是餐会并不圆满，因吉姆身体太虚弱，没能来参加。

几周后，吉姆又回来了，他这次是来看球赛的。他的脸色十分苍白，除此之外，仍是老样子，满脸笑容，和朋友们有说有笑。比赛结束后，他到教练的办公室，整个足球队的队员都在那里。教练还轻声责问他："怎么没有来参加餐会？""教练，你不知道我正在节食吗？"他的笑容掩盖了脸上的苍白。

其中一位队员拿出要送给他的胜利足球，说道："吉姆，正是由于你的加油鼓励，我们才能获胜。"吉姆含着眼泪，轻声道谢。教练、吉姆和其他队员谈到下个赛季的计划，然后大家互相道别。吉姆走到门口，以坚定冷静的目光回头看着教练说："再见，教练。"

"你意思是说，我们明天见，对不对？"教练问。吉姆的眼睛亮了起来，坚定的目光化为一丝微笑。"别替我担心，我没事。"说完话，他便离开了。两天后，吉姆离开了人世。

故事中，吉姆早就知道他的死期将至，但能坦然接受，将残酷的现实转化为富有创意的生活体验，这说明他是一个意志坚强、心态积极的人。其实，人的生命价值并不完全取决于生存时间的长短，而在于他能否凭借积极心态的力量，在最坏的境况中创造出令人振奋而温暖的感觉。故事中的吉姆完全接受了命运，但不让自己被病痛击倒，也从未被击倒过。虽然他的生命如此短暂，他仍努力把握它，把勇气与欢笑永远留在人们的心中。像吉姆这样的人生，你还能说它是个失败者吗？

这就是积极心态的力量，这便是意志坚强，这便是拒绝被打败，这也就是尽你一生所有，勇敢面对人生。

在任何特定的环境中，人们还有一种最后的自由，就是选择自己的态度。成功是因为态度，幸福与快乐也取决于个人的态度。一个人只要改变内在的心态，就可以改变外在的生活环境和生存状态，这是最伟大的发现。态度决定着人生的成败：你怎样对待生活，生活就怎样对待我们。

心专方可绣得花，心静才能织得麻

有这样一个小故事：

有两个学生拜弈秋为师学习下棋。其中一个学生每次听课都全神贯注，一心一意地听弈秋讲解棋道；而另一个学生上课时总是心不在焉，三心二意，极易被外界事物纷扰乱了心神。一次上课时，有一群天鹅从他们头上飞过，那位专心的学生连头都没有抬一下，浑然不觉。而心不在焉的学生虽然看着好像也在那里听，但心里想着拿了箭去射天鹅。若干年后，那位专心致志的学生也成了一名出色的棋手；而另一位呢，一事无成。

一个人的精力是有限的，把精力分散在好几件事情上，是不切实际的考虑，不是明智的选择。想成大事者绝不能把精力同时集中于几件事上，只能关注其中之一。

在世事喧腾、红尘滚滚中静下心来，专注于某一事业，不受其他欲望诱惑的摆布，这是一件非常艰难的事，意味着有可能放弃很多机会，意味着遭遇困难不能退缩，但是只有这样才能成就于某一天地。每次只专注于一个目标。在别人三心二意、四处出击的时候，专注会带来更多的成功机会。如果你集中精力专注于一项工作，就能把这项工作做得很好。

哈佛大学心理学家埃伦·兰格曾经说过：作出无奈选择的人越来越多，专注内心修炼的人越来越少；迷失在各种各样目标中的人越来越多，专注于一项事业的人越来越少。人的精力是有限的，分散精力，东抓一把，西抓一把，效果不会太好，即使成功也只是偶然。世界上看起来可做的事情很多，但真正能抓住的却很少。一生咬定一个目标不放松，一生只挖一口井，一生只做一件事，把一件事做透，才是成功人生的捷径，才有可能达到光辉的顶点。这是专注给一个人的要求。

20世纪80年代，在国内有一位非常出名的花鸟鱼虫画家在16岁的时候举办了个人画展。他的作品被选送到美国、法国等国展出，被世人称为"天才画家"，种种荣誉铺天盖地地向他涌来。但是，这位画家依然坚持自我，该如何作画还是如何作画，不为名利所动。

在一次画展上，有人走过来问画家："你现在取得了这么大的成就，是什么样的力量让你从众多画家中脱颖而出呢？一路走来，你是不是感觉非常艰难？"

画家微笑着说："其实一点都不难，在最开始的时候，我本来是很难成为画家的。在当时，我父母非常希望我能全面发展。我不仅喜欢画画，还喜欢游泳、打篮球，等等。不仅是我父母希望，我也希望自己能全方面发展，而且各个方面都要有所成就。正在我迷茫、准备全面发展的时候，我的老师找到了我。"

画家继续说："老师拿来一个漏斗和一把玉米种子，让我把手放到漏斗下面接着。老师先把一粒种子放到漏斗上，那粒种子很顺利地就滑落到我的手中了，如此再三，结果都是如此。后来，老师把一整把玉米种子都放到了漏斗上，但是因为玉米种子相互拥挤，竟然一粒种子都没有滑落到我的手上。这时，我才知道，我的人生目标太多，反而会得不偿失。所以，我必须找到一件自己最喜欢的事情，然后全身心地投入，这样我才能取得成功。为此，我放弃了篮球等诸多爱好，全身心地投入画画中来，最后才取得了今天这样的成就。"

故事中画家的感悟不可谓不深刻。世界上最著名的效率提升大师博恩·崔西曾经说过："一个人专注于同一件事，比同时涉猎多个领域好得多，获得成功的概率也更大。"这便是专注的力量。一个人的精力总是有限的，即使天才也是一样。要在认识自己的最佳才能、选准成才目标的前提下，集中精力去做重点突破。就像通过凸透镜把众多光束集中到一个焦点、从而引起燃烧一样，人的智慧和力量也可以在聚焦效应作用下形成成才所需要的能量。

一家大型的跨国公司在招聘职员时，特别注重考察应聘者的专注的工作态度。通常在最后一次面试的时候，该公司的董事长都会对应聘者进行亲自考核。现任公司销售部长要职的约翰逊在回忆当时应聘时的情景时说："那是我一生中最重要的一个转折点，一个人如果没有专注工作的精神，那么他就无法抓住成功的机会。一个人只要能够集中注意力，就能摒弃外界的一切干扰，专注地去做好一件事，从而取得最终的成功。"

那天面试时，公司董事长找出一篇万余字的文章给约翰逊说："请你把这篇文章一字不漏地读一遍，最好能一刻不停地读完。"说完，董事长就走出了办公室。

约翰逊想：难道这就是最后的考试，仅仅就是读一篇文章吗？这太简单了。他深呼吸一口气，开始认真地读起来。过了一会儿，一位漂亮的金发女郎走过来，"先生，休息一会吧，喝一杯咖啡。"她把咖啡杯放在桌几上，冲着约翰逊微笑着。约翰逊好像没有听见也没有看见似的，还在不停地读。

又过了一会儿，一只可爱的小猫伏在了他的脚边，用舌头舔他的脚踝。他本能地移动了一下他的脚，丝毫没有影响他的阅读，似乎也不知道有只小猫在他脚下。

那位漂亮的金发女郎又飘然而至，要他帮她抱起小猫。约翰逊还在大声地读，根本没有理会金发女郎的话。

终于读完了，约翰逊松了一口气。这时董事长走了进来问："你注意到那位美丽的小姐和她的小猫了吗？"

"没有，先生。"

董事长又说道："那位小姐是我的秘书，她和你说几次话，你都没有理她。"

约翰逊很认真地说："你要我一刻不停地读完那篇文章，我只想如何集中精力去读好它。这是考试，关系到我的前途，我不得不专注一些更专注一些。别的什么事我就不太清楚了。"

董事长听了，满意地点了点头，笑道："小伙子，你表现不错，你被录取了。在你之前，已经有很多人参加考试，可没有一个人及格。"他接着说："现在，像你这样有专业技能的人很多，但像你这样专注工作的人太少了。你会很有前途的。"

每次只做一件事情，需要凝聚心神、心无旁骛，这样才可以最大限度地发挥潜能。而频繁地从一件事情转换到另一件事情则是浪费时间和精力的做法。基于这个道理，人们在做事中应该避免不必要的转换，要尽可能把一件事情做好、做透、做到位，然后再考虑下一件事。

一次只专心地做一件事，全身心地投入并积极地希望它成功，这样就不会感到精疲力竭。不要让你的思维转到别的事情、别的需要或别的想法上去，专注于你正在做着的事。如果你能向一个目标集中注意力，成功的机会将大大增加。

秉承工匠精神，用细节成就伟大

古往今来，工匠精神一直都在改变着世界，热衷于技术与发明创造的工匠精神是每个国家、企业活力的源泉。工匠精神不仅是一种对技艺的极高追求，同时是对自我价值的最高追求和自我挑战，这背后展现出的追求过程就是细节。纵观中国五千年的传统文化中，不乏都江堰水利工程等饱含工匠精神的产品。在德国、瑞士等制造业发达的国家，工匠精神是制造业的灵魂。一辆奔驰轿车、一把瑞士军刀，无论价值多少都会被匠人们精雕细琢，不会容忍出现质量瑕疵。说到底，工匠精神就是把事做好做正确了，尤其是把细节的东西做好了。

密斯·范·德·罗是20世纪世界伟大的建筑师之一，在被要求用一句最简练的话来描述成功的原因时，他只说了五个字："魔鬼在细节。"他反复强调的是，不管你的建筑设计方案如何恢宏大气，如果对细节的把握不到位，就不能称之为一件好作品。

当今美国有不少大的剧院出自密斯之手。他在设计每个剧院时，都要精确测算每个座位与音响、舞台之间的距离，以及因为距离差异而导致不同的听觉、视觉感受，计算出哪些座位可以获得欣赏歌剧的最佳音响效果，哪些座位最适合欣赏交响乐，不同位置的座位需要进行哪些调整方可达到欣赏芭蕾舞的最佳视觉效果。更重要的是，他在设计剧院时要一个座位一个座位地去亲自测试和敲打，根据每个座位的位置测定其合适的摆放方向、大小、倾斜度、螺丝钉的位置等。

他这样细致周到考虑的结果，使他成为一个伟大的建筑师。

细节决定高度，细节决定成败。那些看似不起眼的小环节，是最需要你细心去做的。一个个细节，最能体现一个人的能力与态度，反映一个人的逻辑思维能力，反映一个人的自我管理能力。现在的竞争，其实就是细节的竞争。一个人要成大事，就必须拥有极强的细节意识，从简单的事情做起，从细微之处入手，对每个细节都负责到底。

成功人生，往往就是从小事开始。点滴的小事中蕴藏着丰富的机遇，不要因为它仅仅是一件小事而不去做。立大志，干大事，精神固然可嘉，但只有脚踏实地从小事做起，从点滴做起，心思细致，注意抓住细节，才能养成做大事所需要的严密周到的作风。有时，一件小事往往可以反映出一个人做事的态度，可以成为成功的契机。要知道，只有善于做小事的人才能做成大事。

美国福特公司名扬天下，不仅使美国汽车产业在世界占据鳌头，而且改变了整个美国的国民经济状况，谁又能想到该奇迹的创造者福特当初进入公司的敲门砖竟是捡废纸这个简单的动作呢？

那时候，福特刚从大学毕业，到一家汽车公司应聘，一同应聘的几个人学历都比他高。在其他人面试时，福特感到没有希望了。当他敲门走进董事长办公室时，发现门口地上有一张纸，很自然地弯腰把他捡了起来，看了看，原来是一张废纸，就顺手把它扔进了垃圾桶。董事长对这一切都看在眼里。福特刚说了一句话："我是来应聘的。"董事长就发出了邀请："很好，很好，福特先生，你已经被我们录用了。"这个让福特感到惊异的决定，实际上源于他那个不经意的动作。从此以后，福特开始了他的辉煌之路，直到把公司改名，让福特汽车闻名全世界。

一个人要养成重视小事的习惯，因为从一些小事上，能反映出做事的态度。中国道家创始人老子有句名言："天下大事必作于细，天下难事必作于易。"意思是做大事必须从小事开始，天下的难事必定从容易的做起。不要忽略一些不起眼的小事或细节，有时这是这些小事或细节，决定着一个人的成败。即使是一个微不足道的动作，或许就会改变一个人的一生。

日本东京贸易公司有一位专门负责为客商订票的小姐，她给德国一家公司的商务经理购买往来于东京、大阪之间的火车票。不久，这位经理发现了一件趣事：每次去大阪时，他的座位总是在列车右边的窗口；返回东京时又总是靠左边的窗口。经理问小姐其中缘故，小姐笑答：

"车去大阪时，富士山在你右边；返回东京时，山又出现在你的左边。我想，外国人都喜欢日本富士山的景色，所以我替你买了不同位置的车票。"就这么一桩不起眼的小事使这位德国经理深受感动，促使他把与这家公司的贸易额由400万马克提高到1200万马克。

小事成就大事，细节成就完美。有时，看似无关紧要的小事却往往关系到一件事情的成败，关系到个人的前途和命运。必须真正了解平凡中蕴藏的深刻内涵，关注那些以往认为无关紧要的平凡小事，并尽心尽力地认真做好它。所以，要真正从小事做起，从细节入手，把小事做好，把细节做得更周到细致，注意在做事的细节中找到机会，从而使自己走向成功之路。

美国印第安人克鲁姆是餐厅中的厨师。有一天，来了几个法国客人，他们嫌他制作出来的油炸食物太厚太硬。克鲁姆知道后很生气，他随手拿过一只马铃薯，切成很薄的片，扔到了油锅里。起锅后就送到法国客人的桌上。谁知客人一吃，大呼好吃。从此，这种炸薯片风行开来。

事物都具有偶然性，虽然它发生的概率比较低，但它毕竟存在。成功也是如此。有时，一个细节往往就会创造成功。所以，不要忽视生活和工作中的细节，抓住这个细节，也许它就是成功的开始。

万事始于心动，成于行动

古人云："事虽小，不为不成；路虽近，不行不到。"意思是说看似很小的事情，你不去做便不能成功；很短的一段路程，如果不去走，那么也不会到达终点。人因梦想而伟大，但要靠无比的行动力来落实自己的梦想。成功需要你将想法转化为行动，只有行动你才会收获成功，而不是只要默默观赏就会成功的。

有个很有才气的教授，告诉朋友自己想写一本传记，专门研究"几十年以前一个让人议论纷纷的人物的逸事"。这个主题又有趣又少见，真的很吸引人。这位教授知道得很多，文笔又很生动，这个计划注定会替他赢得很大的成就、名誉与财富。

一年过后，教授的朋友碰到教授时，无意中提到他那本书是不是快要大功告成了。

老天爷，他根本就没写。教授犹豫了一下，好像正在考虑怎么解释才好。最后终于说他太忙了，还有许多更重要的任务要完成，因此自然没有时间写了。

他这么辩解，其实就是要把这个计划埋进坟墓里。

可见，没有行动，一切计划都毫无意义和价值。说一尺不如行一寸。任何目标、任何计划最终必须落实到行动上，才能缩短自己与目标之间的距离，逐步把计划变为现实。

　　有一位老农的农田当中，多年以来横卧着一块大石头。这块石头碰断了老农的好几把犁头，还弄坏了他的农耕机。老农对此无可奈何，巨石成了他种田时挥之不去的心病。

　　一天，在又一把犁头被打坏之后，想起巨石给他带来的无尽麻烦，终于下决心弄走巨石，了结这块心病。于是，他找来橇棍伸进巨石底下，却惊讶地发现，石头埋在地里并没有想象那么深、那么厚，稍稍使劲就可以把石头撬起来，再用大锤打碎，清出去。老农脑海里闪过多年被巨石困扰的情景，再想到可以更早些把这桩头疼事处理掉，禁不住一脸的苦笑。

　　很多事情并没有你想象的那么困难，只要行动起来，问题很快就会解决。虽然行动不一定能带来令人满意的结果，但不采取行动就绝无满意的结果可言。

　　心动不如行动。再美好的梦想与愿望，如果不能尽快在行动中落实，最终只能是纸上谈兵，空想一番。有人说："心想事成。"这句话本身没有错，但是很多人只把想法停留在空想的世界中，而不落实到具体的行动中，因此常常是竹篮子大水一场空。所以，有了梦想，就应该迅速有力地实施。坐在原地等待机遇，无异于盼天上掉馅饼。

　　约翰和詹姆斯一起搭船来到了美国，打算在这里闯出自己的一片天地。他们下了船，来到码头，看着海上的豪华游艇从面前缓缓而过，二人都非常美慕。约翰对詹姆斯说："如果有一天我也能拥有这么一艘船，那该有多好。"詹姆斯也点头表示同意。

　　中午的时候，他们都觉得肚子有些饿了，两人四处看了看，发现有一个快餐车旁围了好多人，生意似乎不错。约翰对詹姆斯说："我们不如也来做快餐的生意吧。"詹姆斯说:"嗯,这主意似乎是不错。可是你看旁边的咖啡厅生意也很好,不如再看看吧。"两人没有统一意见,于是就此各奔东西了。

握手言别后,约翰马上选择一个不错的地点,把所有的钱投资做快餐。他不断努力,经过多年的用心经营,已经拥有了很多家快餐连锁店。积累了一大笔钱财后,他为自己买了一艘游艇,实现了他自己的梦想。

这一天,约翰驾着游艇出去游玩,发现了一个衣衫褴褛的男子从远处走了过来,那人就是当年与他一起来闯天下的詹姆斯。他兴奋地问詹姆斯:"这几年你都在做些什么?"詹姆斯回答说:"这几年里,我每时每刻都在想:我到底该做什么呢?"

万事始于心动,成于行动。空想家与行动者之间的区别就在于是否进行了持续而有目的的实际行动。实际行动是实现一切改变的必要前提。很多人往往说得太多,思考得太多,梦想得太多,希望得太多,甚至计划着某种非凡的事业,最终却以没有任何实际行动而告终。

奥格·曼狄诺是美国一位成功的作家,他常常告诫自己:"我要采取行动,我要采取行动。从今以后,我要一遍又一遍、每一小时、每一天都要重复这句话,一直等到这句话成为像我的呼吸习惯一样,而跟在它后面的行动,要像我眨眼睛那种本能一样。有了这句话,我就能够实现我成功的每一个行动;有了这句话,我就能够制约我的精神,迎接失败者躲避的每一次挑战。"

一个人想奔向自己的目标,追求自己的成功,现在就得立即行动。"立即行动"是自我激励的警句,是自我发动的信号,它能使你勇敢地驱走拖延这个贼,帮你抓住宝贵的时间去做你所不想做而又必须做的事。

成功者的路有千条万条,但行动是每一个成功者的必经之路,也是一条捷径。一百次心动,远比不上一次行动。心动只能让你终日沉浸在幻想之中,而行动才能让你最终走向成功。